建筑工人实用操作技巧丛书

混凝土工操作技巧

李立权　编著

中国建筑工业出版社

图书在版编目（CIP）数据

混凝土工操作技巧／李立权编著．—北京：中国建筑工业出版社，2003
（建筑工人实用操作技巧丛书）
ISBN 7－112－05755－8

Ⅰ.混…　Ⅱ.李…　Ⅲ.混凝土施工
Ⅳ.TU755

中国版本图书馆 CIP 数据核字（2003）第 071211 号

建筑工人实用操作技巧丛书
混凝土工操作技巧
李立权　编著

*

中国建筑工业出版社出版、发行（北京西郊百万庄）
新　华　书　店　经　销
北京市彩桥印刷厂印刷

*

开本：850×1168 毫米　1/32　印张：7　字数：186 千字
2003 年 10 月第一版　2003 年 10 月第一次印刷
印数：1—4,000 册　　定价：**14.00** 元
ISBN 7-112-05755-8
TU·5054（11394）

本社网址：http://www.china-abp.com.cn
网上书店：http://www.china-building.com.cn

本书以混凝土工为主要读者对象,详细介绍了混凝土工在施工中一些技术要领、技巧以及相关基本知识。主要内容有:混凝土与混凝土建筑的基本知识、混凝土的制备、混凝土的浇筑和混凝土新技术。本书内容实用,语言通俗易懂,可作为工人技术培训的辅助教材。

* * *

责任编辑　周世明

出 版 说 明

当前正是工程建设事业蓬勃发展的时期，为了满足广大读者的需要，并结合施工企业年轻工人多，普遍文化水平不高的特点，我社特组织出版了"建筑工人实用操作技巧丛书"。这套丛书是专为那些文化水平不高，但又有求知欲望的普通技术工人而编写。其特点是按实际工种分册编写，重点介绍操作技巧，使年轻工人阅读后能很快掌握操作要领，早日成为合格的技术工人；在叙述语言上力求通俗易懂，少讲理论，多介绍具体作法，强调实用性且图文并茂，让读者看得进去。

希望这套丛书问世以后，能帮助广大年轻工人解决工作中的疑难问题，提高技术水平和实际工作能力。为此，我们热诚欢迎广大读者对书中的不足之处批评指正，协助我们编好这套丛书。

中国建筑工业出版社

2003 年 7 月

前　言

现在，混凝土已成为全世界用途最广、用量最大的建筑工程材料。我国混凝土用量 2001 年为 15 亿 m^3，占全世界产量的1/3。

从前，混凝土工被看作是无尺、无墨线、无随身工具的三无工人，是力工。但谁预计到，现在的混凝土工已是具有一定科学文化水平，操纵着自动化、联动化机械的现代工人。

万丈高楼平地起，现代建筑工人必须要有文化，要练基本功，掌握技术，更要有技巧。本书就是以此为目的，将混凝土工的各种基本功和新技巧，以及混凝土的科学知识和各种混凝土的新结构、新技术，贡献给混凝土工、技术人员和关心混凝土发展的工作人员作参考。

本书用词浅显，图文清楚，例题丰富，可供初中文化的工人、技校学生、技术人员作参考。

目　　录

1 混凝土与混凝土建筑的基本知识

1.1 混凝土建筑简介

1.1.1 混凝土建筑的结构体系

房屋建筑采用混凝土结构，最简单的是以砖砌体为承重墙、以混凝土为楼盖的砖混结构。现代常用的是以钢筋混凝土或钢骨混凝土为结构的多层或高层建筑。

这些多层或高层建筑的结构体系如图 1-1 所示。其中：

（a）为框架结构，或称纯框结构。其主要承重构件为梁、柱，通常用于高度在 100m 以下的多层建筑。

（b）为框架剪力墙结构，除可承担框架结构的荷载外，剪力墙可以承受一定的侧向荷载如风力和地震力，通常用于高度在 150m 以下的高层建筑。

（c）及（d）为剪力墙结构，（c）为横向剪力墙，（d）为纵向剪力墙，能承受较大的侧推力。通常用于平面布置较规整的住宅、办公楼或旅馆等高度在 150m 以下的高层建筑。

（e）、（f）、（g）为筒体结构，抗侧向力大于剪力墙结构。通常用于高度在 100m 以上的高层建筑。（e）为内筒外框结构，如广州市高度为 364m 的中信广场。（f）为筒中筒结构。（g）为成束筒结构，美国芝加哥西尔斯大厦就采用此种结构。

1.1.2 混凝土楼盖的构造

在上述各种结构体系中，楼盖的构造可分为图 1-2 所示的各种形式，其中：

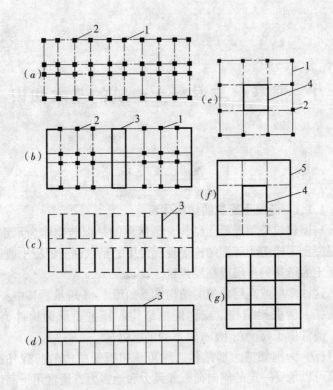

图 1-1　高层混凝土建筑结构体系平面布置图

(a) 框架结构；(b) 框架剪力墙结构；(c)、(d) 剪力墙结构；

(e)、(f)、(g) 筒体结构

1—梁；2—柱；3—剪力墙；4—内筒体；5—外筒体

(a) 为梁板式楼盖。这是楼盖的传统形式。但当房间宽大，梁板的跨度过大时，梁的高度要占用室内空间，则较少采用。

(b) 为平板式楼盖，亦称无梁楼盖。在框架结构中常将梁高压缩至与楼板同高，成为板中的暗梁，这种结构称为板柱结构。在剪力墙结构中采用此法，则称墙板结构。

(c) 为柱帽平板。其做法是加大柱帽，即是缩短暗梁的跨度，亦属无梁楼盖形式。多用于各种大厅大堂。

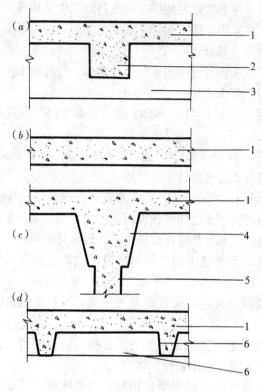

图 1-2　各种楼盖构造
1—楼板；2—小梁；3—大梁；4—柱帽；
5—柱；6—肋梁

（d）为密肋楼盖。通常将楼板厚度缩小至 50mm 或 60mm，梁则用方格小梁，双向承重。此种楼盖施工较复杂，通常采用标准模壳（俗称模胆）。如将方格加以美化，可制成富丽堂皇的藻井形式。

1.1.3　现浇混凝土的模板类型

在混凝土技术发展的同时，也带动模板体系的发展。模板的类型可分为三类：一是老式的组合模板，在现场按照设计图纸临时组合；二是工具式模板，是根据建筑物的标准开间制成统一的工具式模板，可多次重复使用，在现行施工中使用较多；三是永久性模板，多采用金属板制作，混凝土浇筑后即与混凝土结合成为建筑结构的一部分。

工具式模板现行通用的下列 6 种类型，与混凝土浇筑工作密切相关，将在第 3 章介绍。

1. 大模板　可作内、外墙使用，外墙与爬升系统结合，称为爬模。

2. 筒模　常用于筒形结构，当房间较小或用于电梯井时，可以整体组合，亦可整体缩形吊运。

3. 滑升模板　用于竖向结构的整体性模板。其操作原理是利用先浇筑的混凝土已出现强度后的稳定性可承受一定压力，边脱模、边滑升。其操作程序要求严格，设备复杂精细。在面积较大的高层建筑上现已少用。但对圆筒形贮罐、烟囱、高大桥墩等，仍多采用。

4. 隧道模　可同时浇筑横墙与楼板，可整体装拆，较为简便。

5. 台模　用于浇筑梁与板的整体模，俗称缩脚模，即其支柱可以伸缩，便于整体装拆，亦称飞模。

6. 早拆系统模　用于梁板结构，事先按模板跨度考虑，利用缩短跨度可提前拆模的原理，留有中部支柱作支撑，大部分可提前拆模，便于重复使用，加快模板周转。

1.2　混凝土的特性

决定混凝土性能的因素很多，但主要因素有二：一是材料的性能和材料配合比，二是操作工将材料拌和得是否均匀、浇筑得是否密实和养护得是否合理。

为了未来的工作，我们先了解混凝土成型的过程。

1.2.1　水泥的水化

混凝土强度的产生，是由于水泥与水化合起胶结作用，将各

4

种材料胶结成复合材。其过程如图 1 - 3 所示。

水泥水化时，有大部分水和水泥起化学作用，它以原子的形态参加凝胶晶体保全在混凝土内，称为结晶用水，或叫化学用水；另有一部分水在拌和混凝土时起润滑作用，是工作性用水，或叫物理用水；其余剩余的水被蒸发掉的，叫蒸发水；还有一些未被蒸发的仍留在混凝土中的叫游离水。凡此种种在混凝土中造成的孔隙，是混凝土在成型中遗留的缺陷。

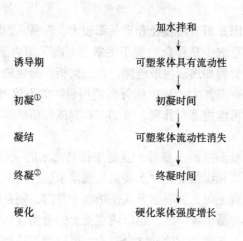

图 1 - 3 水泥初凝和终凝时间示意图
说明：国家标准规定，①各种水泥，初凝不得早于
45min。②硅酸盐水泥Ⅰ·Ⅱ，终凝不得迟于
6.5h；普通水泥、粉煤灰水泥、火山灰水泥和
矿渣水泥，均不得迟于 10h。

水泥水化凝结过程的快慢，与水泥中熟料的含量有关。国家标准给出的时间，是给浇筑工序的控制值：在初凝阶段，就是浇筑工作的时间；如在终凝后再对混凝土扰动，就会破坏混凝土已形成的结构。

在水泥水化期间，会释放出一定的热量，称为水化热。浇筑中心温度可高达 70℃。此时，应根据外界气温，针对构件体积的大小，采取适当的技术措施，保证混凝土内外温差控制在25℃以内，避免出现温差裂缝。

1.2.2 混凝土的黏聚性

混凝土从搅拌机卸出后，我们首先关注的是它的黏聚性。

黏聚性，从反面来说就是混凝土的分离性。通常从两方面来观察，一是离析，二是泌水。这两种现象应尽量避免。观察这两种现象的技巧如下：

1. 离析

离析的原因是粗骨料粒径和重量都较大，容易从混凝土中分离出来。可随意取少量拌合物置于手掌上，两手用力紧握成团，手放松后，粗骨料如出现离散缝隙，是为离析。避免的方法可将配合比设计的砂率加大，减少粗骨料的用量。如不修改配合比，混凝土硬化后可能内部有孔洞，外部有蜂窝或麻面。

2. 泌水

在新拌混凝土捣固成型后，混凝土骨料沉实时，浆水上浮，尤其是在柱、墙和深梁等构件上表面出现泌水层。用上述试验离析方法紧握混凝土时，如有水分从手指缝中渗出，便是泌水。泌水量过大时，容易出现裂缝，也影响混凝土的密实性和强度的不均匀。如施工工艺需要大流动性混凝土，可以掺用外加剂，不应临时加大用水量。

离析和泌水，也会在浇筑过程中因操作不良时产生，其克服办法，将在本书"3 混凝土的浇筑"中介绍。

1.2.3 混凝土的工作性

混凝土的工作性，是根据施工项目浇筑的难易程度提出的对混凝土稠度的要求，是根据混凝土工艺需要的可塑性、流动性、易密性等要求而提出的。故又称和易性。其指标是通过坍落度筒等仪表检测而得。现浇施工所需的是塑性或流动性混凝土。

但坍落度检测不能完全代表混凝土的和易性，通常将之分为4级：

①干硬性混凝土，多用于预制构件，用维勃稠度仪检测，工作性指标为 5s ~ 20s；

②塑性混凝土，坍落度为 10mm ~ 100mm；

③流动性混凝土，坍落度为 100mm ~ 150mm；

④大流动性混凝土，坍落度大于 160mm，适用于泵送混凝土。均可用有关检测仪表作检测，详见本书"2 混凝土的制备"。

1.2.4 混凝土强度的形成

水泥与水拌合后叫水泥净浆。水泥净浆硬化后称水泥石。水泥净浆与砂石之间的结合，能产生强度机理，有三种力：一是物理作用所形成的粘结力；二是由于砂和石子有凹凸不平的外表面，能与水泥净浆紧密地咬合在一起，形成啮合作用力；三是石子、砂在一定的条件下能与水泥的组分发生反应，形成了较强的化学粘结层。其中，石子表面生成的碳酸，可使界面粘结层强化。这时，化学键取代了物理作用的粘结力，提高了混凝土的强度。

从上面叙述的原因，除水泥的作用外，砂、石子的粒形粗糙、表面清洁和级配紧密，均起着重要的作用。

1.2.5 混凝土的堆聚过程

混凝土组成材料的性能，仅是决定混凝土性能的内在因素；但怎样将它们合理地堆聚在一起，组织成为一个良好的结构体，则是一个人为的因素，也是混凝土操作工的一个主要任务。

新拌混凝土由于材料颗粒的大小不一，再加上浆体的流动性，在布料振捣成型过程中发生沉降和上升运动，也就形成了不同程度的分层现象。如图 1 - 4，其中（a）表示不同粒径的颗粒在粘性流体中的沉降速度。（b）表示气体或浆体向上升，粗大颗粒向下沉，作分层的流动。（c）表示分层的结果，粗骨料在下层，浆体在上层。这种现象在混凝土工艺学上叫做"外分层"。其结果是造成下部强度大于中部，上部则是最弱的部位。

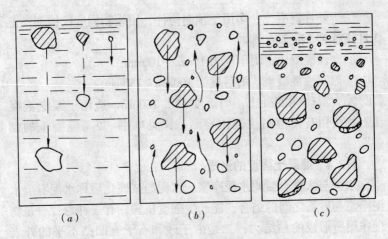

图 1-4　混凝土外分层形成过程示意图

　　与此同时，在粗骨料与粗
骨料之间的砂浆体，亦出现分
层现象。如图 1-5，可分为 4
个区域：区域①、④位于砂浆
体的上方，是最弱区，④区含
水量最大，水分蒸发后形成沉
降缝隙或接触孔，其孔隙较毛
细孔大，是渗漏的主要孔道，
也是裂缝的首先出现区。区域
②，位于两颗粗骨料之间的侧
方，砂浆分布比较正常，是正
常区。区域③，位于粗骨料的

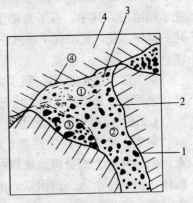

图 1-5　混凝土的内分层
1—砂子；2—水泥；3—孔隙；4—石子

上方，是砂浆体中最密实和强度最高的部位，称为密实区。这种
现象称为内分层。

　　上述的内、外分层，是在混凝土成型时同时形成的。是先天
性的。如何减少这种缺陷，是混凝土操作工在布料和振捣过程中
应密切注意和尽量控制的。这就是混凝土工操作的技巧，将在以

8

后加以叙述。

1.2.6 混凝土的强度和耐久性

混凝土的强度有抗压、抗拉、抗剪和与钢筋的粘结强度等。世界各国均以抗压强度为主要指标。抗压强度以强度等级表示，并以 C 为代号。其测定方法是将混凝土按标准方法做成 150mm × 150mm × 150mm 的立方体试件，在标准条件下养护 28d 后进行抗压试验。其强度单位为 MPa（兆帕，亦可写成 N/mm^2），普通混凝土的强度等级由 C7.5 ~ C55；C60 以上称为高强混凝土。

其他强度基本上随着抗压强度的升降而变动，大致比例如下：

抗拉强度约为抗压强度的 7% ~ 14%；

抗弯强度约为抗拉强度的 1.7 倍；

与钢筋的粘结强度，对光面钢筋为 1.0 ~ 3.5MPa；对变形钢筋为 1.5 ~ 6.0MPa。

现代混凝土建筑除对混凝土有一定强度要求外，也有提出耐久性要求的，如抗渗性、抗冻性和抗腐蚀性要求。均应在设计文件中提出。抗渗指标以 P 表示，抗冻指标以 F 表示。

当设计文件对混凝土的标示为 C30、P10 时，即表示混凝土的抗压强度为 30MPa、抗渗等级为 10 级（即未出现渗水时的最大水压值为 10MPa）。当设计文件对混凝土的标示为 C40、F100 时，即表示混凝土的抗压强度为 40MPa、其抗冻融循环的循环次数为 100 次。这些强度和耐久性性能，除应在混凝土配合比中按特种混凝土进行设计及拌制外，在浇筑过程中必须重视其密实性，减少混凝土中的微细孔隙。

2 混凝土的制备

混凝土的制备，是混凝土施工的第一个工序。这个工序是混凝土工业化发展最快的工序，目前已进入电脑计算，自动化生产的先进时代。

混凝土制备这个工序，在城市中已大部分由商品混凝土承担。但在小城镇和乡村仍由施工单位自备，仍由混凝土工人操作。为满足广大读者的要求，使混凝土制备的新技术、新技巧和混凝土技术相适应，特专列一章，提供参考。

2.1 材 料

2.1.1 水泥

水泥品种繁多，除特殊工程需用特殊水泥外，工业与民用建筑常用的水泥共有5种。

5种水泥名称、代号和强度等级，如表2-1所列。

混凝土强度等级对水泥强度等级的选用，请参阅表2-2。

5种通用水泥的特性和适用范围，如表2-3所列。

土建工程常用5种水泥强度指标（MPa）　　表2-1

标准号	水泥品种	代号	强度等级	抗压强度		抗折强度	
				3d	28d	3d	28d
GB 175—1999	硅酸盐水泥	P. Ⅰ	42.5	17.0	42.5	3.5	6.5
			42.5R	22.0	42.5	4.0	6.5
			52.5	23.0	52.5	4.0	7.0
		P. Ⅱ	52.5R	27.0	52.5	5.0	7.0
			62.5	28.0	62.5	5.0	8.0
			62.5R	32.0	62.5	5.5	8.0

标准号	水泥品种	代号	强度等级	抗压强度		抗折强度	
				3d	28d	3d	28d
GB 175—1999	普通水泥	P.O	32.5	11.0	32.5	2.5	5.5
			32.5R	16.0	32.5	3.5	5.5
			42.5	16.0	42.5	3.5	6.5
			42.5R	21.0	42.5	4.0	6.5
			52.5	22.0	52.5	4.0	7.0
			52.5R	26.0	52.5	5.0	7.0
GB 1344—1999	矿渣硅酸盐水泥	P.S	32.5	10.0	32.5	2.5	5.5
			32.5R	15.0	32.5	3.5	5.5
	火山灰质硅酸盐水泥	P.P	42.5	15.0	42.5	3.5	6.5
			42.5R	19.0	42.5	4.0	6.5
	粉煤灰硅酸盐水泥	P.F	52.5	21.0	52.5	4.0	7.0
			52.5R	23.0	52.5	4.5	7.0

注：①有 R 标志的为快硬水泥。

②硅酸盐水泥分为 P.Ⅰ、P.Ⅱ 两种代号，P.Ⅰ 的不掺加混合材；P.Ⅱ 的掺入不超过水泥重量 5%的石灰石或粒化高炉矿渣混合材。

水泥强度等级的选择
表 2－2

混凝土强度等级	C10～C15	C20～C30	C30～C40	≥C45
水泥强度等级	32.5	32.5～42.5	42.5～52.5	52.5～62.5

通用水泥的特性和适用范围
表 2－3

水泥品种	特性		使用范围	
	优点	缺点	适用于	不适用于
硅酸盐水泥	1. 强度等级高 2. 快硬、早强 3. 抗冻性好，耐磨性和不透水性强	1. 水化热高 2. 抗水性差 3. 耐蚀性差	1. 配制高强度等级混凝土 2. 先张预应力制品、石棉制品 3. 道路、低温下施工的工程	1. 大体积混凝土 2. 地下工程
普通硅酸盐水泥	与硅酸盐水泥相比无根本区别，但有所改变： 1. 早期强度增进率略有减少 2. 抗冻性、耐磨性稍有下降 3. 低温凝结时间有所延长 4. 抗硫酸盐侵蚀能力有所增强		适应性较强，如无特殊要求的工程都可以使用	

水泥品种	特 性		使用范围	
	优 点	缺 点	适用于	不适用于
矿渣硅酸盐水泥	1. 水化热低 2. 抗硫酸盐侵蚀性好 3. 蒸汽养护有较好的效果 4. 耐热性较普通硅酸盐水泥高	1. 早期强度低，后期强度增进率大 2. 保水性差 3. 抗冻性差	1. 地面、地下、水中各种混凝土工程 2. 高温车间建筑	需要早强和受冻融循环，干湿交替的工程
火山灰质水泥	1. 保水性好 2. 水化热低 3. 抗硫酸盐侵蚀能力强	1. 早期强度低，但后期强度增进率大 2. 需水性大，干缩性大 3. 抗冻性差	1. 地下、水下工程、大体积混凝土工程 2. 一般工业和民用建筑	需要早强和受冻融循环，干湿交替的工程
粉煤灰硅酸盐水泥	与火山灰质硅酸盐水泥相比： 1. 水化热低 2. 抗硫酸盐侵蚀性能好 3. 后期强度发展高 4. 保水性好 5. 需水性及干缩率较小 6. 抗裂性较好	1. 早期强度增进率比矿渣水泥还低 2. 其余同火山灰水泥	1. 大体积混凝土和地下工程 2. 一般工业和民用建筑	同矿渣水泥

2.1.2 砂子

1. 砂的规格

砂子分天然砂和人工砂两种，人工砂是指开采石矿和块石加工过程中产生的尾矿或石屑，再经过冲洗、筛分等处理后制成的砂，故又称为机制砂。人工砂的粒型比天然砂多棱角，有利于混凝土内部的构造，较受欢迎。

砂的规格用细度模数（μ_f）表示，是按砂的筛余量按式（2-1）计算的值。

$$\mu_f = \frac{(A_2 + A_3 + A_4 + A_5 + A_6) - 5A_1}{100 - A_1} \qquad (2-1)$$

式中 μ_f——细度模数；

A_1，A_2，A_3，…，A_6——分别为 5mm、2.5mm、1.25mm、0.63mm、0.315mm、0.16mm 各筛上的累计筛余百分率。

当 $\mu_f = 3.7 \sim 3.1$ 时，称为粗砂；

$\mu_f = 3.0 \sim 2.3$ 时，称为中砂；

$\mu_f = 2.2 \sim 1.6$ 时，称为细砂。

用于普通混凝土的砂，宜选用中、粗砂相混的砂，以 $\mu_f = 2.7 \sim 3.4$ 时为最佳。但用于泵送或工作性较大的混凝土，宜用中砂，或掺少许细砂。

2. 砂的质量

砂的坚固性要求，与混凝土的耐久性有关，当混凝土所处的环境为严寒或干湿交替状态时，应做 5 次循环试验，其重量损失应小于 8%。

砂的含泥量，当混凝土强度较高，则含泥量要小，通常是：混凝土强度≥C30 时，要求小于 3%（按重量计）；当混凝土强度<C30 时，则可小于 5%。

砂中的有害物质，如云母片、硫化物、碱或有机物质，应防止在重要工程或有抗冻、抗渗要求工程中使用，应进行专门的检验。

2.1.3 石子

石子分为碎石及卵石，大卵石经破碎成碎石时，应按碎石考虑。

石子的级配分为连续粒级及单粒级 2 类。粒级的单位为 mm：

连续粒级分为：5～10、5～16、5～20、5～25、5～31.5、5～40 等 6 个粒级；

单粒级分为：10～20、16～31.5、20～40、31.5～63、40～80 等 5 个粒级。

其中，单粒级不宜单独使用；如必须单独使用时，应进行技术、经济分析，通过试验确定不影响混凝土质量时，方可使用。

石子规格的选择，应按照下列规定：

①用于工业与民用建筑所用碎石或卵石，其最大粒径应不大于 80mm；

②用于房屋构件的碎石或卵石的粒径，可参照表 2-4 的规定使用。

粗骨料粒径的限制　　　　　　　　　　　　　　　　表 2-4

结构种类	最大粒径尺寸
方形或矩形截面的构件	不得超过最小边长的 1/4
混凝土实心板	①不宜超过板厚的 1/2 ②不得超过 50mm
钢筋混凝土	除应符合上述要求外，且不得大于两根钢筋间净距的 3/4

石子的强度：

①岩石的强度，应由供货单位提供书面检验凭证，其强度应为混凝土强度等级的 1.5 倍以上。

②卵石的强度，应符合表 2-5 的要求。表中压碎指标值是指用"压碎指标值测定仪"对试验品经 20t 压力试压后被压碎的值。

石子中含有有害物质的允许值，如表 2-6 所列。

卵石的压碎指标值　　　　　　　　　　　　　　　　表 2-5

混凝土强度等级	C55 ~ C40	≤ C35
压碎指标值（%）	≤ 12	≤ 16

碎石或卵石中有害物质的含量允许值　　　　　　　　表 2-6

项　目	混凝土强度等级			备注
	≥ C30	< C30	≤ C10	
针片状颗粒含量（%）	≤ 15	≤ 25	≤ 40	
含泥量（%）	≤ 1.0	≤ 2.0		重量计
含泥块量（%）	≤ 0.5	≤ 0.7		
硫化物及硫酸盐含量（折合成 SO_3^{2-}）	≤ 1.0			
有机质含量	颜色不应深于标准色。如深于标准色，则应配制成混凝土试件，进行强度对比试验，抗压强度应不低于 95%。			比色法

2.1.4 水

凡符合国家标准的饮用水，均可用于拌制混凝土。

海水和咸水湖水不能用于拌制混凝土。

不明成分的地表水、地下水和工业废水，应经检验，并经处理符合国家标准的，方可用作混凝土拌制用水。

2.1.5 外加剂

外加剂在现代混凝土中被称作混凝土的第5种材料。掺用后可以改善混凝土的成型工艺，亦可以提高混凝土硬化后的功能。

外加剂是一种用量小、作用大的化学制剂，掺用量要准确，否则将影响混凝土的性能。通常应先行试配，认可后方可使用。其类型及主要功能，分述如下：

1. 普通减水剂

①在混凝土工作性及强度不变的条件下，可节省水泥 5%～10%；

②在保证混凝土工作性及水泥用量不变的条件下，可减少用水量，混凝土强度可提高 10%左右；

③在保持混凝土用水量及水泥用量不变条件下，可提高混凝土的工作性。

2. 高效减水剂

其功能与普通减水剂相同，但效果较为显著。能大幅度提高其效果。

3. 引气剂及引气减水剂

①提高混凝土的抗渗性、抗冻性和耐磨性，延长混凝土的耐久性；

②提高混凝土拌合物的工作性，减少混凝土的泌水和离析；

③引气减水剂同时兼有减水剂的功能。

4. 早强剂及早强减水剂

①提高混凝土的早期强度；

②缩短混凝土的养护时间；

③早强减水剂同时兼有减水剂的性能。

5. 缓凝剂及缓凝减水剂

①延缓混凝土的凝结时间；

②降低水泥早期的水化热；

③缓凝减水剂同时兼有减水剂的性能。

6. 膨胀剂

使混凝土体积在水化、硬化过程中产生一定的膨胀，减少混凝土干缩裂缝，提高抗裂性和抗渗性能。

7. 如何选用外加剂

目前，在混凝土中掺用外加剂，已作为混凝土工艺中的一门新技巧。怎样选用，可参阅表2-7所列。

各种混凝土工程对外加剂的选择　　　　表2-7

序号	工程项目	选用目的	选用剂型
1	自然条件下的混凝土工程或构件	改善工作性，提高早期强度，节约水泥	各种减水剂，常用木质素类
2	太阳直射下施工	缓凝	缓凝减水剂，常用糖蜜类
3	大体积混凝土	减少水化热	缓凝剂，缓凝减水剂
4	冬期施工	早强防寒、抗冻	早强减水剂早强剂、抗冻剂
5	流态混凝土	提高流动度	非引气型减水剂，常用FDN、UNF-5
6	泵送混凝土	减少坍落度损失	泵送剂、引气剂、缓凝减水剂，常用FDN-P、UNF-5
7	高强混凝土	C50以上混凝土	高效减水剂、非引气减水剂、密实剂
8	灌浆、补强、填缝	防止混凝土收缩	膨胀剂
9	蒸养混凝土	缩短蒸养时间	非引气高效减水剂、早强减水剂
10	预制构件	缩短生产周期，提高模具周转率	高效减水剂、早强减水剂
11	滑模工程	夏季宜缓凝	普通减水剂木质素类或糖蜜类
		冬季宜早强	高效减水剂或早强减水剂

序号	工程项目	选用目的	选用剂型
12	大模板工程	提高和易性，一天强度能拆模	高效减水剂或早强减水剂
13	钢筋密集的构筑物	提高和易性，利于浇筑	普通减水剂、高效减水剂
14	耐冻融混凝土	提高耐久性	引气型高效减水剂
15	灌注桩基础	改善和易性	普通减水剂、高效减水剂
16	商品混凝土	节约水泥保证运输后的和易性	普通减水剂缓凝型减水剂

2.1.6 掺合料

掺合料在混凝土中的主要作用是节约水泥和提高混凝土的密实度，从而提高混凝土的其他性能。使用时应注意 3 点：

①掺合料的细度应与水泥相同，或比水泥更细；

②掺用量通常为水泥用量的 5%～15%；

③掺合料的质量应符合相关的标准或规定。

掺合料可分为惰性与活性两种，分述如下：

1. 惰性掺合料

通常有磨细的石英砂、石灰岩等。此项材料在常温常压下与水泥不起反应，只做水泥的填充料，增加混凝土中的含灰量，以节约水泥和提高新拌混凝土的工作性。这些惰性掺合料应符合下列规定：

①掺合料的硫化物、硫酸盐的 SO_3^{2-} 含量不得超过掺合料的 3%。

②在配合比设计强度有富余时，为节约水泥，可等量置换，但置换量不宜超过水泥用量的 15%。

③混凝土强度等级 ≥C40 时，不宜掺用惰性掺合料；但用作预制构件而又采用高压高温蒸养时，可以采用石英砂粉。

④为提高混凝土的坍落度，可用外加法掺用，其掺量不宜超过水泥用量的 20%。

2. 活性掺合料

活性掺合料在混凝土中的作用主要是：

①提高混凝土的密实度，提高抗冻、抗渗等性能；

②增加混凝土的含灰量，提高混凝土的流动性，可作泵送混凝土；

③配制高强混凝土、高性能混凝土；

④常用的活性掺合料有：粉煤灰、硅灰、火山灰质掺合料、粒化高炉矿渣等。

粉煤灰为最易供应、也是用途最广的掺合料。常用于泵送混凝土、大体积混凝土、抗渗混凝土、抗硫酸盐和抗软水侵蚀混凝土、碾压混凝土、高强混凝土、高性能混凝土，也适用于蒸汽养护混凝土。其质量指标及使用范围如表2-8所列，各项混凝土适用的掺合料如表2-9所列。

粉煤灰质量指标及其使用范围 表 2-8

等级	质量指标				使 用 范 围
	细度 （%）	烧失量 （%）	需水 量比 （%）	三氧化 硫含量 （%）	
Ⅰ	≤12	≤5	≤95	≤3	允许用于后张法及跨度小于 6m 的先张法预应力混凝土工程
Ⅱ	≤20	≤8	≤105	≤3	主要用于普通钢筋混凝土、轻骨料钢筋混凝土工程及 C30 或以上等级的无筋混凝土
Ⅲ	≤45	≤15	≤115	≤3	主要用于无筋混凝土

注：①细度指标系指用 $45\mu m$ 方孔筛的筛余值；

②粉煤灰应由供货单位出具等级合格证；

③干排法获得的粉煤灰的含水量不宜大于 1%，湿排法的质量应均匀；

④主要用于改善混凝土和易性的，可不受本表限制；

⑤用于预应力混凝土、钢筋混凝土及强度等于或高于 C30 级无筋混凝土的粉煤灰，如经试验论证，可采用比列表规定低一级的粉煤灰。

工程项目	适用的掺合料
大体积混凝土工程，抗冻、抗渗工程	粉煤灰、火山灰质掺合料
抗软水、抗硫酸盐介质腐蚀工程	粉煤灰、粒化高炉矿渣、火山灰质掺合料
经常处于高温环境的工程	粒化高炉矿渣
高强混凝土、高性能混凝土	硅灰、粉煤灰

2.2　普通混凝土配合比设计技巧

混凝土配合比设计，不只是一个计算问题，更重要的是在设计过程中，运用有关技巧，做各方面的考虑：

(1) 必须熟悉整个建筑设计文件，除了必须知道的混凝土强度和耐久性要求外，也要了解整个设计的意图、构造和必需的细部尺寸。

(2) 要了解所需材料的供应情况和价格，包括水泥的品种、砂、石子的材质和技术条件，以及外加剂、掺合料的质量和供应情况。

(3) 要了解施工部门的技术水平和技术装备，对混凝土的供应能力和进度。

(4) 要了解当地当时的气象情况，考虑季节对施工的影响。

(5) 从经济角度，考虑降低费用。

普通混凝土配合比设计，主要是根据建筑设计文件所要求的混凝土强度、耐久性和施工方案所要求混凝土工作性这 3 个主要参数来进行。在配合比设计过程中，也有水灰比、用水量和砂率这 3 个主要参数做考虑。两个方面的各 3 个参数的关系如图 2-1 所示。图中，粗实线表示它们之间的关系是直接的，是紧密相依的；细实线则表示它们之间的关系是主要的，不宜疏忽；虚线则表示它们之间的关系也要考虑，但只是次要的。我们掌握了这种关系，在混凝土配合比设计中，也就掌握了设计的技巧，将能取得满意的结果。

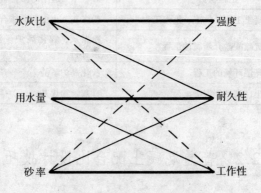

图 2－1　混凝土配合比设计的
基本参数和主要性能的关系

2.2.1　配合比设计参数及其程序

1. 确定混凝土的配制强度

按设计文件及搅拌部门的技术资料，按式（2－2）计算：

$$f_{cu,0} = f_{cu,k} + 1.645\sigma \qquad (2-2)$$

式中　$f_{cu,0}$——配制强度，MPa；

　　　$f_{cu,k}$——设计文件要求混凝土的标准强度，MPa；

　　　σ——强度标准差。是检验混凝土搅拌部门生产质量水平的值，应由搅拌部门提供。当搅拌部门无法提供时，可按表 2－10 取值。

强度标准差（σ）值　　　　　　　　　　表 2－10

混凝土强度等级	低于 C20	C20～C35	高于 C35
σ	4.0	5.0	6.0

注：在采用本表时，施工单位可根据实际情况，对 σ 值做适当调整。

2. 计算水灰比

20

按配制强度、回归系数和水泥强度，按式 2-3 计算：

$$\frac{W}{C} = \frac{\alpha_a \cdot f_{ce}}{f_{cu,0} + \alpha_a \cdot \alpha_b \cdot f_{ce}} \qquad (2-3)$$

式中　$\dfrac{W}{C}$——水灰比；

　　　f_{ce}——水泥的实际强度 MPa；

　　　　　当无水泥的实际值时，

$$f_{ce} = \gamma_c \cdot f_{ce,g} \qquad (2-4)$$

　　　γ_c——水泥强度的富余系数，可按实际统计资料确定；

　　　$f_{ce,g}$——水泥强度等级值 MPa；

　α_a、α_b——回归系数，应根据工程使用的水泥、骨料制作试件，通过试验，由建立的水灰比与混凝土关系式确定。当不具备试验统计资料时，其回归系数可按表 2-11 选用。

回归系数 α_a、α_b 选用表　　　　　　表 2-11

系　数　＼　石子品种	碎　石	卵　石
α_a	0.46	0.48
α_b	0.07	0.33

当边远乡镇企业无法自行试验取得回归系数、而又必须自行设计配合比时；可根据《普通混凝土配合比设计技术规定》(JGJ 55—2000)提供的表 2-11 的数值代入式 (2-3)，即可推导出碎石混凝土、卵石混凝土水灰比的计算式。分列如下：

碎石混凝土水灰比：

$$\frac{W}{C} = \frac{0.46 f_{ce}}{f_{cu,0} + 0.0322 f_{ce}} \qquad (2-5)$$

卵石混凝土水灰比：

$$\frac{W}{C} = \frac{0.48 f_{ce}}{f_{cu,0} + 0.1584 f_{ce}} \qquad (2-6)$$

上述计算所得的水灰比值，应不大于表2-12的限值。

3. 选用坍落度

根据构件的结构种类和施工方法，坍落度值可按表2-13选用。

4. 决定粗骨料的粒径

可按照构件截面最短的边长和钢筋布置的疏密，按表2-4选用。

选用的技巧有二：一是从经济方面考虑，应在允许范围内选用大粒径的石子，以减少用水量。用水量少则水泥用量也少。二是从工作性考虑，可以选用粒径较小的石子；石子粒径小，则用水量多，水泥用量也多。但能提高工作度。

混凝土的最大水灰比和最小水泥用量　　　　表2-12

环境条件		结构物类别	最大水灰比值			最小水泥用量（kg）		
			素混凝土	钢筋混凝土	预应力混凝土	素混凝土	钢筋混凝土	预应力混凝土
1. 干燥环境		·正常的居住或办公用房屋内	不作规定	0.65	0.60	200	260	300
2. 潮湿环境	无冻害	·高湿度的室内 ·室外部件 ·在非侵蚀性土和（或）水中的部件	0.70	0.60	0.60	225	280	300
	有冻害	·经受冻害的室外部件 ·在非侵蚀性土和（或）水中且经受冻害的部件 ·高湿度且经受冻害中的室内部件	0.55	0.55	0.55	250	280	300
3. 有冻害和除冰剂的潮湿环境		·经受冻害和除冰剂作用的室内和室外部件	0.50	0.50	0.50	300	300	300

注：①当用活性掺合料取代部分水泥时，表中的最大水灰比及最小水泥用量即为替代前的水灰比和水泥用量。

②配制 C15 级及其以下等级的混凝土，可不受本表的限制。

　　　　表 2－13

结构种类	坍落度（mm）
基础或地面等的垫层、无配筋的大体积结构（挡土墙、基础等）或配筋稀疏的结构	10～30
板、梁和大型中型截面的柱子等	30～50
配筋密的结构（薄壁、斗仓、筒仓、细柱等）	50～70
配筋特密的结构	70～90

注：①本表系采用机械振捣混凝土时的坍落度，当采用人工捣实混凝土时其值可适当增大；

②当需要配制大坍落度混凝土时，应掺用外加剂；

③曲面或斜面结构混凝土的坍落度应根据实际需要另行选定；

④轻骨料混凝土的坍落度，宜比表中数值减少 10～20mm；

⑤泵送混凝土的坍落度宜为 80～180mm。

5. 选择用水量

按照已定的坍落度，结合前条所选的石子最大粒径，参照表 2－14 的经验参数，选取用水量。

每立方米塑性混凝土的用水量（kg）　　　　表 2－14

拌合物稠度		卵石最大粒径（mm）				碎石最大粒径（mm）			
项　目	指　标	10	20	31.5	40	16	20	31.5	40
坍落度（mm）	10～30	190	170	160	150	200	185	175	165
	35～50	200	180	170	160	210	195	185	175
	55～70	210	190	180	170	220	205	195	185
	75～90	215	195	185	175	230	215	205	195

注：①本表用水量系采用中砂时的平均取值。采用细砂时，每立方米混凝土用水量可增加 5～10kg；采用粗砂时，则可减少 5～10kg。

②掺用各种外加剂或掺合料时，用水量应相应调整。

如为干硬性混凝土，则按照维勃稠度指标和石子最大粒径，按表 2－15 的经验参数选取用水量。

每立方米干硬性混凝土的用水量（kg）　　　　表 2－15

拌合物稠度		卵石最大粒径（mm）			碎石最大粒径（mm）		
项　　目	指　　标	10	20	40	16	20	40
维勃稠度（s）	16～20	175	160	145	180	170	155
	11～15	180	165	150	185	175	160
	5～10	185	170	155	190	180	165

6. 计算水泥用量

按已知的水灰比和用水量，按式（2－7）计算，计算所得的水泥用量，应符合表 2－12 的要求。

$$m_{c0} = \frac{m_{w0}}{\left(\dfrac{W}{C}\right)}\qquad(2-7)$$

式中　m_{c0}——每立方米混凝土的水泥用量，kg；

　　　m_{w0}——每立方米混凝土的用水量，kg。

7. 选用砂率

砂率对混凝土强度影响是次要的，但对工作性则是直接的。对混凝土的黏聚性和保水性有一定作用。选用砂率的基本原则是：粗骨料粒径大，则砂率小；

　　粗骨料粒径小，则砂率大；

　　水灰比大，则砂率大；

　　水灰比小，则砂率小。

选用砂率，当混凝土坍落度在 10～60mm 时，可参照表 2－16采用。如坍落度大于 60mm 时，应通过试验确定；或在表 2－16的基础上，每增加 20mm，其砂率可加大 1%；如坍落度小于 10mm，应通过试验确定。

混凝土的砂率参考值（%）　　　　　表 2－16

水灰比	卵石最大粒径（mm）				碎石最大粒径（mm）			
	10	20	31.5	40	16	20	31.5	40
0.4	29	28	27.5	27	32.5	31.5	30.5	29.5
0.45	30.75	29.75	29.25	28.75	34	33	32	31
0.50	32.5	31.5	31	30.5	35.5	34.5	33.5	32.5
0.55	34	33	32.5	32	37	36	35	34
0.60	35.5	34.5	34	33.5	38.5	37.5	36.5	35.5
0.65	37	36	35.5	35	40.5	39	38	37
0.70	38.5	37.5	37	36.5	42.5	40.5	39.5	38.5

注：①本表数值系中砂的选用砂率，对细砂或粗砂，可相应地减少或增大砂率；

　　②只用一个单粒级粗骨料配制混凝土时，砂率应适当增大；

　　③对薄壁构件，砂率取偏大值；

　　④本表中的砂率系指砂与骨料总量的重量比。

2.2.2 骨料用量的两种计算方法

1. 重量法

重量法计算配合比的依据是按混凝土每 m^3 的总量（重量）应等于 4 种材料共同投放的重量。

（1）重量法用公式表示，如式（2-8）。

$$m_{c0} + m_{g0} + m_{s0} + m_{w0} = m_{cp} \qquad (2-8)$$

式中 m_{c0}——每立方米混凝土的水泥用量，kg；

m_{g0}——每立方米混凝土的粗骨料用量，kg；

m_{s0}——每立方米混凝土的细骨料用量，kg；

m_{w0}——每立方米混凝土的用水量，kg；

m_{cp}——每立方米混凝土拌合物的假定总量，kg，其值可按表 2-17 选用。

普通混凝土的假定总量（m_{cp}）　　　　　　　表 2-17

混凝土强度等级	≤ C15	C20 ~ C35	≥ C40
每立方米假定总量（kg）	2360	2400	2450

（2）砂石总用量及个别用量的计算

砂石总用量可将式（2-8）移项便得：

$$m_{g0} + m_{s0} = m_{cp} - m_{c0} - m_{w0} \qquad (2-9)$$

（3）砂的用量，按式（2-10）

$$m_{s0} = \beta_s (m_{s0} + m_{g0}) \qquad (2-10)$$

式中 β_s——砂率。

（4）石子的用量，按式（2-11）

$$m_{g0} = (m_{s0} + m_{g0}) - m_{s0} \qquad (2-11)$$

（5）初步配合比

上述 4 种材料得出后，通常以水泥的用量为 100%，算出其他 3 种材料的比值，按一定次序列出，即：

$$\frac{m_{w0}}{m_{c0}} : \frac{m_{c0}}{m_{c0}} : \frac{m_{s0}}{m_{c0}} : \frac{m_{g0}}{m_{c0}} \qquad (2-12)$$

2. 体积法

体积法计算配合比的依据是以所投放材料的总体积是 $1m^3$，能生产的混凝土也应是 $1m^3$。

(1) 体积法用公式表示，如式 (2-13) 或 (2-14)。

$$\frac{m_{c0}}{\rho_c} + \frac{m_{g0}}{\rho_g} + \frac{m_{s0}}{\rho_s} + \frac{m_{w0}}{\rho_w} + 0.01\alpha = 1 \qquad (2-13)$$

$$V_c + V_g + V_s + V_w + 0.01\alpha = 1 \qquad (2-14)$$

式中　　ρ_c——水泥密度，kg/m^3，可取 $2900 \sim 3100$；

ρ_g——粗骨料的表观密度，kg/m^3；

ρ_s——细骨料的表观密度，kg/m^3；

ρ_w——水的密度，kg/m^3，可取 1000；

α——混凝土含气量的百分数，在不使用引气型外加剂时，$\alpha = 1$；

V_c、V_g、V_s、V_w——依次代表水泥、石子、砂、水的体积，m^3。

(2) 运算

①向实验室了解水泥、砂、石子的密度；

②将已知的水、水泥的用量换算为体积，按下式计算：

$$V = \frac{m}{\rho} \qquad (2-15)$$

式中　V——体积，m^3；

m——材料用量，kg；

ρ——材料密度，kg/m^3。

③计算砂、石的总体积及个别体积，公式如下：

$$(V_g + V_s) = 1 - V_c - V_w - 0.01\alpha \qquad (2-16)$$

$$V_s = \beta_s (V_s + V_g) \qquad (2-17)$$

$$V_g = (V_g + V_s) - V_s \qquad (2-18)$$

④将体积比的配合比换算成重量比，以便于搅拌站使用。换算的公式如下：

$$m = V \cdot \rho \qquad (2-19)$$

⑤初步配合比

与重量法的式（2－12）相同。

3. 试配

混凝土配合比设计完成后，必须进行试配、调整后方可投入使用。

试配的项目及程序如下：

（1）工作度：做坍落度、黏聚性和泌水性试验及调整；

（2）强度：用标准立方体试件进行试压，可以用早期强度推测 28d 的强度；

（3）用料量：复核试件密度，是否与设计密度相符；

此项试配、检测、调整工作，应由试验部门进行。其具体方法详见附录一。

2.2.3 综合例题

某大厦钢筋混凝土框架结构，柱、梁和楼板混凝土设计强度均为 C30，柱、梁截面的最小边长为 300mm，钢筋间最小间距为 40mm，楼板厚度为 90mm，请设计所需普通混凝土的配合比。

解题：

1. 计算配制强度，按式（2－2）

因搅拌部门无强度标准差 σ 的资料，只能参照表 2－10，取 $\sigma = 5$MPa；

代入式（2－2）：

$$f_{cu,0} = 30 + 1.645 \times 5$$
$$= 38.2 \text{（MPa）；}$$

2. 选料

根据题意及当地供应情况决定：

①水泥　选用普通硅酸盐水泥；强度等级按表 2－2，选 42.5MPa；按出厂证明，富余强度为 1.08，按式（2－4），$f_{ce} = 1.08 \times 42.5$，为 45.9MPa

②粗骨料　用当地生产的石灰岩，选用连续级配为 5～31.5mm 的碎石

③细骨料　用当地生产的淡水河砂，选用细度模数为 2.7 ~ 3.4 的中粗砂；

④水　用当地的自来水；

⑤回归系数　因无法自行测定，按表 2 - 11 选用：$\alpha_a = 0.46$；$\alpha_b = 0.07$；

⑥坍落度　施工部门选用轻型插入式振动器，按表 2 - 13 选用 30 ~ 50mm。

3. 用重量法运算

①计算水灰比，按式（2 - 5）：

$$\frac{W}{C} = \frac{0.46 \times 45.9}{38.2 + 0.0322 \times 45.9}$$

$$= 0.53$$

②确定用水量，根据粗骨料为碎石，粒径为 31.5mm，混凝土坍落度为 30mm ~ 50mm，查表 2 - 14 得：

$$m_{w0} = 185 \text{（kg）}$$

③计算水泥用量，已知水灰比为 0.53，用水量为 185kg，按式（2 - 7）计算：

$$m_{c0} = \frac{185}{0.53}$$

$$= 349 \text{（kg）}$$

④计算骨料总重，已知混凝土总重为 2400kg、用水量为 185kg、水泥用量为 349kg，按式（2 - 9）计算：

$$m_{s0} + m_{g0} = 2400 - 185 - 349$$

$$= 1866 \text{（kg）}$$

⑤选择砂率，已知水灰比为 0.53，碎石粒径为 31.5mm，查表 2 - 16，得砂率约在 30% ~ 37% 之间，可定为 35%。

⑥计算砂用量，已知骨料总用量为 1866kg，砂率为 35%，按式（2 - 10）计算：

$$m_{s0} = 0.35 \times 1866$$

$$= 653 \text{（kg）}$$

⑦计算粗骨料用量，按式（2–11）计算：

$$m_{g0} = 1866 - 653$$

$$= 1213 \text{（kg）}$$

⑧初步配合比，通常按式（2–20）排列。本例题结果如下：

代号：　　　　　　$m_{w0} : m_{c0} : m_{s0} : m_{g0}$　　　　　　（2–20）

设计用量（kg/m³）：　　185 ：349 ：653 ：1213

用量比例：　　　　　　0.53 ： 1 ：1.871 ：3.476

2.2.4　技巧举例

1. 用表格计算配合比

在理解了普通混凝土配合比设计原则和程序后，可将整个运算过程用表格式简化。表2–18即为"2.2.3综合例题"用重量法的表格计算演示；表2–21是用体积法计算掺用粉煤灰混凝土配合比的表格式演示。

这些表式，均根据《普通混凝土配合比设计规程》（JGJ 55—2000）编制。当手头资料齐全，所用材料品种、规格和有关参数选定后，如利用简单的计算器，在几分钟内便可完成计算工作。

混凝土配合比重量法计算表　　　　表 2–18

序号	项　　　目	计算公式或应查表号	计算结果
1	强度标准差	$\sigma = \sqrt{\dfrac{\sum\limits_{i=1}^{N} f_{cu,i}^2 - N \cdot \mu_{fcu}^2}{N-1}}$ 或表 2–10	$\sigma = 5\text{MPa}$
2	配制强度	$f_{cu,0} \geqslant f_{cu,k} + 1.645\sigma$	38.2MPa
3	水泥实际强度	快速测定，或按下式计算 $f_{ce} = \gamma_c \cdot f_{ce,g}$	45.9MPa
4	水灰比	$W/C = \dfrac{\alpha_a \cdot f_{ce}}{f_{cu,0} + \alpha_a \cdot \alpha_b \cdot f_{ce}}$	0.53
5	坍落度	表 2–13	30～50mm
6	粗骨粒最大粒径	表 2–4	5～31.5mm

序号	项　目	计算公式或应查表号	计算结果
7	用水量（每立方米混凝土）	表 2 – 14，表 2 – 15	185kg
8	水泥用量（每立方米混凝土）	$m_{c0} = \dfrac{m_{w0}}{W/C}$	349kg
9	复查水灰比值及水泥用量	表 2 – 12	符合要求
10	砂率	表 2 – 16	0.35
11	混凝土假定总量（每立方米）	表 2 – 17 计算按下式 $m_{c0} + m_{g0} + m_{s0} + m_{w0} = m_{cp}$	2400kg
12	粗、细骨料总量（每立方米混凝土）	$m_{g0} + m_{s0} = m_{cp} - m_{c0} - m_{w0}$	1866kg
13	砂用量（每立方米混凝土）	$m_{s0} = \beta_s\ (m_{s0} + m_{g0})$	653kg
14	石子用量（每立方米混凝土）	$m_{g0} = (m_{s0} + m_{g0}) - m_{s0}$	1213kg
15	配合比： $m_{w0} : m_{c0} : m_{s0} : m_{g0}$	$\dfrac{m_{w0}}{m_{c0}} : \dfrac{m_{c0}}{m_{c0}} : \dfrac{m_{s0}}{m_{c0}} : \dfrac{m_{g0}}{m_{c0}}$	0.53 : 1 : 1.872 : 3.476

2. 掺用减水剂的技巧

掺用减水剂有三种功效：一可提高混凝土强度；二可提高坍落度；三可节约水泥。分述如下：

（1）维持原有水泥用量、维持原有坍落度，提高混凝土强度的技巧

例题 2.2.4—1：

请对例题 2.2.3 在维持原有水泥用量及维持原有坍落度的原答案下，允许掺用减水剂，将其混凝土强度从 C30 提高到 C35。

技巧如下：

①计算新的试配强度，按式（2 – 2）：

$$新\ f_{cu,0} = 35 \times 1.645 \times 5$$

$$= 43.2\ （MPa）$$

②求新的水灰比：

$$新\frac{W}{C} = \frac{0.46 \times 45.9}{43.2 + 0.0322 \times 45.9}$$

$$= 0.47$$

③按原水泥用量，求新用水量：

$$新用水量 = 349 \times 0.47$$

$$= 164 \ (kg/m^3)$$

④求减水率

$$减水率 = 1 - \frac{164}{185}$$

$$= 11.4 \ (\%)$$

⑤求减水剂

按照水灰比理论，用水 $164kg/m^3$ 可以达到要求的配制强度。但用水量少了，坍落度也小了。要维持原定的坍落度，技巧是掺用减水剂。这种减水剂的功能，其减水率必须等于或大于上述的减水率。从资料中查出，当地生产的减水剂有多种，其中较通用的 FDN，当掺量为水泥用量的 0.5% 时，其减水率为 11% ~ 12%，经试验可用。

$$减水剂用量 = 349 \times 0.5\%$$

$$= 1.745 \ (kg)$$

⑥求新砂石用量：

$$新 \ (m_{s0} + m_{g0}) = m_{cp} - m_{w0} - m_{c0} - m_{a0} \qquad (2-21)$$

$$= 2400 - 164 - 349 - 1.7$$

$$= 1885.3$$

式中　m_{a0}——每立方米混凝土中的减水剂用量（kg）

砂率仍维持 35%。

$$新砂用量 = 1885 \times 0.35$$

$$= 660 \ (kg/m^3)$$

$$新碎石用量 = 1885 - 660$$

$$= 1225 \ (kg/m^3)$$

⑦新配合比：

$$m_{w0} : m_{c0} : m_{s0} : m_{g0} : m_{a0} \qquad (2-22)$$
$$= 164 : 349 : 660 : 1225 : 1.7$$
或 $= 0.47 : 1 : 1.89 : 3.51 : 0.005$

（2）维持原有强度及坍落度，节约水泥的技巧

例题 2.2.4—2：

请对例题 2.2.3 在维持原有强度及坍落度的原答案下，允许掺用减水剂，将其水泥用量减少。

技巧如下：

①以原配合比为基准配合比：

$$m_{w0} : m_{c0} : m_{s0} : m_{g0} = 185 : 349 : 653 : 1213$$

②计算新的用水量：

$$m_{wa} = m_{w0}(1-\beta) \qquad (2-23)$$

式中 m_{wa}——掺外加剂后的混凝土用水量，kg/m^3；

β——减水剂的减水率（经试验，当掺用量为水泥用量的 0.5% 时，减水率为 10%）；

$$m_{wa} = 185 \times 0.90$$
$$= 167 \ (kg/m^3)$$

③按照原水灰比 0.53，计算新水泥用量：

$$m_{ca} = \frac{W}{(W/C)} \qquad (2-24)$$
$$= \frac{167}{0.53}$$
$$= 314 \ (kg/m^3)$$

④求减水剂用量

$$m_a = m_{ca} \times 0.005$$
$$= 314 \times 0.005$$
$$= 1.6 \ (kg/m^3)$$

⑤求新的砂、石子总用量：

$$(m_{sa} + m_{ga}) = m_{cp} - m_{ca} - m_{wa} - m_a \qquad (2-25)$$
$$= 2400 - 314 - 167 - 1.6$$

$$= 1917.4 \ (\text{kg/m}^3)$$

⑥砂用量（按原有砂率）：

$$m_{\text{sa}} = 1917.4 \times 0.35$$

$$= 671 \ (\text{kg/m}^3)$$

⑦碎石用量：

$$m_{\text{ga}} = 1917 - 671$$

$$= 1246 \ (\text{kg/m}^3)$$

⑧新配合比：

$$m_{\text{wa}} : m_{\text{ca}} : m_{\text{sa}} : m_{\text{ga}} : m_{\text{a}} \qquad (2-26)$$

$$= 167 : 314 : 671 : 1246 : 1.6$$

⑨水泥节约量：

$$m_{\text{c}} = m_{\text{c0}} - m_{\text{ca}}$$

$$= 349 - 314$$

$$= 35 \ (\text{kg/m}^3)$$

（3）维持原有 4 种材料的用量，要求增加坍落度而又维持原设计强度的技巧：

方法一：掺用少量减水剂。

掺用量通过实验确定，从 0.05% 开始试验，逐步加大，至符合要求便可。

方法二：调整砂率（加大砂率、减少石子）。

砂率加大，从 0.5% 开始，同时减少石子用量，通过实验，逐步调整，至符合要求便可。

禁忌事项：千万不能靠加水来增大坍落度。加大用水量，即是降低混凝土强度。

3. 掺用粉煤灰的技巧

粉煤灰是现代最通用的活性掺合料，是变废为宝、有助于环境保护的材料。

粉煤灰掺入混凝土中的配合比设计，通常有三种情况：

①用于改善混凝土的工作性时，可用外加法。可直接从小掺量开始递增，试验至适用为止。

②对于结构性混凝土，当原配合比有超强时，或混凝土其他性能需进行改善时（如大体积混凝土需降低水化热之类），可用等量代换法置换水泥。其取代水泥的最大限量如表 2 – 19。

粉煤灰取代水泥的最大限量　　　　　　　　表 2 – 19

混凝土种类	粉煤灰取代水泥的最大限量（％）			
	硅酸盐水泥	普通硅酸盐水泥	矿渣硅酸盐水泥	火山灰质硅酸盐水泥
预应力钢筋混凝土	25	15	10	—
钢筋混凝土 高强度混凝土 高抗冻融性混凝土 蒸养混凝土	30	25	20	15
中、低强度混凝土 泵送混凝土 大体积混凝土 水下混凝土 地下混凝土 压浆混凝土	50	40	30	20
碾压混凝土	65	55	45	35

③用等量取代法进行试配检测时，如仍须增加粉煤灰掺量，可用超量取代法掺用，超量取代的超量系数如表 2 – 20。

粉煤灰超量系数　　　　　　　　表 2 – 20

粉煤灰级别	超量系数（K）	附　　　注
I II III	1.0～1.4 1.2～1.7 1.5～2.0	混凝土强度为 C25 以下时取上限，为 C25 以上时取下限

(1) 掺粉煤灰混凝土配合比设计程序

①设计用的基准配合比，要求以体积法计算。

②粉煤灰用量的计算，按式（2 – 27）；

$$m'_{f0} = m_{c0} \cdot \beta_c \qquad (2-27)$$

式中 m'_{f0}——等量取代法的粉煤灰用量；

  β_c——等量取代水泥率，见表 $2-19$。

③水泥实用量的计算，按式（$2-28$）；

$$m_{cf} = m_{c0} - m'_{f0} \qquad (2-28)$$

式中 m_{cf}——掺粉煤灰混凝土的水泥用量。

④掺粉煤灰混凝土的灰浆体体积计算，按式（$2-29$）；

$$V_p = \frac{m_{cf}}{\rho_c} + \frac{m'_{f0}}{\rho_f} + m_{w0} \qquad (2-29)$$

式中 V_p——粉煤灰混凝土灰浆体体积，m^3；

  ρ_f——粉煤灰的密度，kg/m^3。

⑤砂、碎石的总体积的计算，按式（$2-30$）

$$V_{sf} + V_{gf} = 1000 - V_p - 10\alpha \qquad (2-30)$$

式中 V_{sf}——砂的体积；

  V_{gf}——石子的体积；

  α——混凝土含气量的百分数，不使用引气剂时，

  $\alpha = 1$。

⑥砂率取值，与重量法基本相同。

⑦将 5 种材料的体积值转换为重量，提交使用，其排列次序如下：

$$m_{w0} : m_{cf} : m'_{f0} : m_{sf} : m_{gf} \qquad (2-31)$$

（2）例题——"2.2.3"掺粉煤灰综合例题

按 2.2.3 综合例题，经试配后强度有富余，拟掺用粉煤灰，以节约水泥。经测得有关数据如下：水泥密度 $\rho_c = 3.1$；砂密度 $\rho_s = 2.65$；

粉煤灰密度 $\rho_f = 2.2$；石子密度 $\rho_g = 2.67$。等量取代率为 15%，用体积法计算，用表格技巧演示，如表 $2-21$。

2.2.5 特种混凝土配合比设计

1. 抗渗混凝土配合比设计

掺用粉煤灰混凝土等量取代法配合比（体积法）计算表　　表 2-21

序　号	项　目	符　号	计算式或查表号或参数	计算结果 重量(kg)	计算结果 体积(L)
1～10（见表 2-18，其中 1、3、9 略去）	试配强度	$f_{cu,0}$	38.2MPa		
	水灰比	W/C	0.53		
	坍落度		30～50mm		
	碎石粒径		5～31.5mm		
	砂率	β_s	0.35		
	用水量	m_{w0}		185	185
	水泥用量	m_{c0}	$\dfrac{m}{\rho}$	349	113
11	含气量	α	1	0	10
12	粉煤灰取代水泥量	m'_{f0}	$m_{c0} \cdot \beta_c$	52	17
13	水泥实际用量	m_{cf}	$m_{c0} - m'_{f0}$	297	96
14	水泥、水、粉煤灰浆体体积	V_ρ	$\dfrac{m_{cf}}{\rho_c} + \dfrac{m'_{f0}}{\rho_f} + m_{w0}$		298
15	砂、碎石总体积	$V_{sf} + V_{gf}$	$1000 - V_\rho - 10\alpha$		692
16	砂的用量	V_{sf}	$(V_{sf} + V_{gf}) \cdot \beta_s$	642	242
17	碎石用量	V_{gf}	$(V_{sf} + V_{gf}) - V_{sf}$	1201	450
18	配合比（重量）		$m_{w0} : m_{cf} : m'_{f0} : m_{sf} : m_{gf}$ $= 185 : 297 : 52 : 642 : 1201$		

注：①与原配合比对比，用52kg粉煤灰，换下52kg水泥、11kg砂和12kg碎石。
　　②仍应按规定进行试配、调整后方可采用。

普通混凝土的防渗能力为 P6 级，设计要求大于此值的称为抗渗混凝土。抗渗混凝土多用于地下室工程、屋顶和盛水容器。进行此项工程时，其配合比设计应达到其抗渗等级的要求。

（1）材料选用

①应优先选用纯硅或普硅水泥，不宜选用掺合材较多的水泥。

②石子宜选用连续级配，最大粒径不宜大于 40mm。

③砂、石子的含泥量取标准允许的最低值，不允许超标。

④为填充混凝土中的微细孔隙，可掺入细掺料。其质量应符合表 2-8 的Ⅰ级或Ⅱ级的要求。

⑤水泥与细掺料的总量不应少于 320kg/m³。

（2）基本参数

①砂率不宜小于 35%，以砂浆的总体积大于石子的空隙率为佳。可参照表 2-22 选用。

砂率选用表（%）   表 2-22

砂的细度模数和平均粒径		石子空隙率（%）				
细度模数 M_k	平均粒径（mm）	30	35	40	45	50
0.70	0.25	35	35	35	35	35
1.18	0.30	35	35	35	35	36
1.62	0.35	35	35	35	36	37
2.16	0.40	35	35	36	37	38
2.71	0.45	35	36	37	38	39
3.25	0.50	36	37	38	39	40

注：本表是按石子平均粒径为 5~50mm 计算的，若采用 5~20mm 石子时，砂率可增加 2%；用 5~31.5mm 时，砂率可增加 1%。

②砂、石子的含泥量及有机质含量，应小于表 2-6 的规定。

③水灰比按混凝土强度和抗渗指标选取，应符合表 2-23 的规定。

抗渗混凝土最大水灰比   表 2-23

抗 渗 等 级	最 大 水 灰 比	
	C20~C30 混凝土	C30 以上混凝土
P6	0.60	0.55
P8~P12	0.55	0.50
P12 以上	0.50	0.45

④掺用引气剂的抗渗混凝土，其含气量宜控制在3%～5%。

（3）例题

某厂地下室车间，地下混凝土墙壁厚0.5m，埋置深度9.5m，抗渗等级要求为P12，混凝土强度等级为C20，坍落度要求为35～50mm。已知水泥为普硅水泥，强度为32.5MPa，砂的平均粒径为0.45mm，密度为2.6；碎石为连续级配的5～31.5mm，密度为2.7。请设计抗渗混凝土配合比。

设计时，先按普通混凝土方法展开，逐步调整。解题步骤：

①配制强度按式（2－2）及表2－10取值计算：

$$f_{cu,0} = 20 + 1.645 \times 5$$
$$= 28.225 \ （MPa）$$

②按式（2－5），用$f_{ce} = 32.5$MPa的水泥，计算水灰比：

$$\frac{W}{C} = \frac{0.46 \times 32.5}{28.225 + 0.0322 \times 32.5}$$
$$= 0.51$$

此值符合表2－23的要求。

③用水量，查表2－14，得用水量为185kg/m³。

④水泥用量，按式（2－7）计算：

$$m_c = \frac{185}{0.51}$$
$$= 363 \ （kg/m^3）$$

此值大于320kg/m³的要求，可行。

⑤按体积法计算砂、石子用量［按式（2－16）］：

$$V_g + V_s = 1000 - \frac{363}{3.1} - 185 - 10$$
$$= 688 \ （L），等于0.688m^3$$

⑥砂率

已知碎石空隙率为45%，按表2－22暂定砂率为39%，进行试配：

⑦每立方米混凝土的砂用量：

$$V_s = 0.39 \times 688/1000$$

$$= 0.26832 \ (\text{m}^3)$$

$$m_{s0} = 0.26832 \times 2600$$

$$= 698 \ (\text{kg/m}^3)$$

⑧碎石用量

$$V_g = 0.688 - 0.2682$$

$$= 0.4198 \ (\text{m}^3)$$

$$m_{g0} = 0.4198 \times 2.7$$

$$= 1133 \ (\text{kg/m}^3)$$

⑨结果：$m_{w0} : m_{c0} : m_{s0} : m_{g0} = 185 : 363 : 698 : 1133$

⑩送检测部门进行试配，重点检验抗渗指标是否达标，如不达标，可考虑掺用加气剂或粉煤灰。

（4）抗渗配合比实例

现将我国各地的抗渗混凝土配合比实例摘录列于表 2-24 以供参考。表中抗渗等级是按《普通混凝土长期性能和耐久性能试验方法》（GBJ 82—85）的试验结果。

掺有外加材料抗渗混凝土配合比实例　　　　表 2-24

工程名称	抗渗等级	每立方米混凝土材料用量（kg）						坍落度（mm）	抗压强度（MPa）	
		水泥	粉煤灰	膨胀剂	水	砂	石子	减水剂		设计	实测
吉林冶金污水处理池	P8	345	—	—	153	725	1207	木钙1.55	30		34.2
国家技监局大楼基础	P6	298	60	24	186	586	1250	木钙0.7	—	23.0	31.7
苏州市五交化大楼基础	P8	380	61	—	182	699	1049	AT1.9	150~180	38.0	44.0
青岛酒精厂地下室	P12	340	—	47	185	670	1150	AF1.5	70	28.0	38.5
大连水下世界外墙	P8	410		U型65	200	638	1061	中联2.46	190	30.0	

注：表内 S 是旧标准抗渗等级的代号，相当于现行标准的 P。

39

2. 抗冻混凝土配合比设计

抗冻混凝土与冬期施工混凝土不同。前者是指凝结投入使用后能抗御冻融循环的混凝土；后者是指在冬期施工时能抵抗一定的低温而继续发展强度的混凝土。

混凝土抗冻融次数以 F 为代号，普通混凝土通常能达到 F50 的要求。如要求能承受 F50 以上的要求，便应按抗冻混凝土进行配合比设计。

（1）材料选用

①水泥，应选用硅酸盐水泥或普通硅酸盐水泥，不宜使用火山灰质硅酸盐水泥。

②砂子、石子的含泥量，不论混凝土的强度等级，均应符合表 2−6 中混凝土强度大于 C30 级的要求。

③抗冻等级为 F100 及以上的混凝土，所用的粗、细骨料均应进行坚固性试验，并应符合 GB/T 14684—2001 和 GB/T 14685—2001 两个标准的要求。

④抗冻混凝土宜掺用减水剂以减少水的用量；对抗冻等级 F100 及以上的混凝土，应掺用引气剂。

（2）基本参数

①水灰比取值，如表 2−25。

抗冻混凝土的最大水灰比   表 2−25

抗冻等级	无引气剂时	掺引气剂时
F50	0.55	0.60
F100	—	0.55
F150 及以上	—	0.50

②抗冻混凝土掺用引气剂后，其含气量应符合表 2−26 的限制。并应考虑强度下降问题：

当水泥用量小于 $300kg/m^3$ 及强度等级低于 C20 时，影响较小；

强度等级为 C20～C30 时，强度约降 5%；

强度等级大于 C30 时，强度约降 20%。

③根据掺用引气剂强度下降的情况，如需掺用引气剂时，应同时考虑增大配制强度。

掺引气剂或引气减水剂混凝土的含气量　　表 2-26

粗骨料最大粒径(mm)	混凝土含气量(%)	粗骨料最大粒径(mm)	混凝土含气量(%)
10	7.0	40	4.5
15	6.0	50	4.0
20	5.5	80	3.5
25	5.0	150	3.0

(3) 配合比设计

抗冻混凝土配合比设计的程序，完全按照普通混凝土配合比的程序进行。掺用引气剂的数量按外加材料计算，不考虑在原配合比中扣除。表 2-27 是某氧气站冷箱基础及空气分离塔基础的抗冻混凝土配合比的实例。

150 次抗冻融混凝土施工配合比　　表 2-27

序号	重量配合比 $m_{w0} : m_{c0} : m_{s0} : m_{g0}$	每立方米混凝土水泥用量(kg)	粗骨料		泡沫剂掺量(水泥用量的百分数)	抗压强度	
			粒径(mm)	用量(%)		28d	冻融 150 次后损失(%)
1	0.5 : 1 : 1.57 : 3.35	370	20~40	100	0	30.8	31.4
2	0.5 : 1 : 1.57 : 3.34	368	20~40	100	0.01	21.9	16.0
3	0.5 : 1 : 1.57 : 2.92	384	20~40 5~15	80 20	0.01	23.8	14.5
4	0.5 : 1 : 1.63 : 3.00	380	20~40 5~15	80 20	0.01	31.5	9.6
5	0.45 : 1 : 1.77 : 3.15	385	20~40 15~20 5~15	50 30 20	0.075	32.7	10.0

注：①序号 1 为未掺泡沫剂的配合比，供参考。其余均掺有泡沫剂，强度的损失均合格；

②冻融 150 次后强度损失值应不超过 25%，为合格。

2.3 混凝土的拌制

混凝土拌制是一个工艺复杂而又是机械化、自动化程度较高的工序。它的关系面如图2-2。

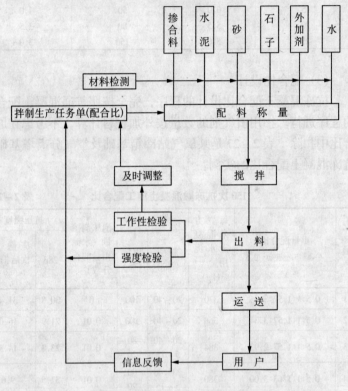

图2-2 拌制系统关系图

拌制工除熟识电脑操作或机械操作外，还应熟识材料性能和混凝土的基本知识。要处理好这些关系和操作好这些设备，就要求我们有比较高的素质和丰富的技巧。

42

2.3.1 搅拌机及其生产线

1. 搅拌机型号及性能

搅拌机的机型可分为两大类：一是自落式，其运行是靠筒体滚动使物料拌匀；二是强制式，其运行是靠拌叶翻动物料拌匀。其名称及代号如图2-3。

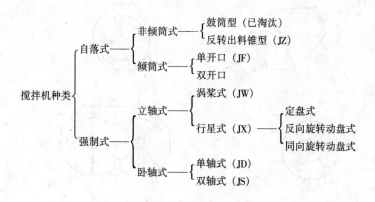

图2-3　搅拌机的名称及其代号

搅拌机的运行示意如图2-4。其中，（a）及（b）为外观图；（c）及（d）为内剖面平面图；（e）及（f）为横断面剖面图。

搅拌机按其工作方法分自落式和强制式两类。自落式搅拌机构造简单，功率较小，能搅拌粒径较大的粗骨料。但自落式的工作性能较差，搅拌作用较弱，搅拌筒利用系数低，搅拌周长较大。锥形倾翻出料机（图2-4（b））工作性能较好，搅拌较强烈，供料、出料均在同一方向，多台机组可共同使用同一套供料、同一套出料系统，能几台机组同时生产。

强制式搅拌机由旋转叶片将物料做剧烈翻动，也有底盘同时做同向或反向旋转的，被拌物料成为交叉流动，混凝土搅拌得比较均匀。行星式的比涡桨式的效果好，但构造较复杂，功率消耗较大。论产量则涡桨式的较高。

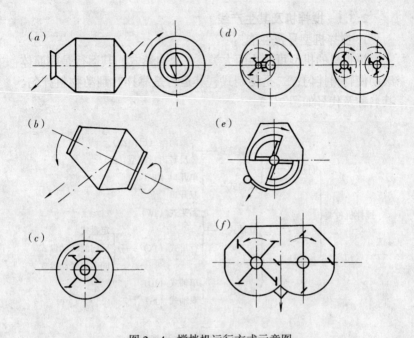

图 2-4　搅拌机运行方式示意图

(a) 锥形反转出料；(b) 锥形倾翻出料；

(c) 强制涡桨式；(d) 强制行星式（分单轴行星、双轴行星）；

(e) 卧式强制单轴；(f) 卧式强制双轴

卧轴式强制搅拌机虽然底盘固定，但克服了自落式和立轴式强制搅拌机只能搅拌流动性混凝土或干硬性混凝土的缺点，能适用于生产上述两种工作性的混凝土；也能生产轻骨料混凝土或砂浆，有一机多用的效果，已为世界各国广泛使用。

2. 搅拌生产线

混凝土拌制机械生产设备的布置有三种方式：

(1) 手工作业的简易搅拌站

对混凝土强度要求不高，工作量不大的短期的小型工地，可以采用单机或双机的简易生产线。基本上采用手工操作，手动控制。其搅拌工艺布置如图 2-5 所示。

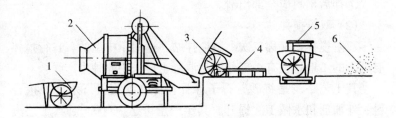

图 2-5 单机搅拌工艺布置示意图
1—送料车；2—搅拌机；3—砂、石上料车；
4—袋装水泥平台；5—磅秤；6—砂、石堆场

此种手动控制作业，要保证产品的强度和工作性符合配合比设计的要求，其技巧在于：

①供料符合配合比的比例。通常以每包水泥（50kg）为基数，按配合比的比例计算水、砂、石子、外加剂或掺合料等的用量，作一次性投料。

②经常检查计量磅秤的准确性。

③砂、石容器或小车的基本自重（俗称毛重）应统一为一个恒值（即固定值），便于计量。

④卸料应卸净，粘积在容器内的砂、石应清除。

⑤盛水容器宜用透明容器，绘出容量线，便于操作人员掌握。

⑥搅拌时间应符合表 2-28 的规定。

混凝土搅拌的最短时间（s）　　　　　　　　表 2-28

混凝土坍落度（mm）	搅拌机机型	搅拌机出料量（L）		
		< 250	250～500	> 500
≤30	强制式	60	90	120
	自落式	90	120	150
>30	强制式	60	60	90
	自落式	90	90	120

注：①混凝土搅拌的最短时间系指自全部材料装入搅拌筒中起，到开始卸料止的时间；

②当掺有外加剂时，搅拌时间应适当延长；

③当采用其他形式的搅拌设备时，搅拌的最短时间应按设备说明书的规定或经试验确定。

⑦拌后出料应全部出清。

（2）双阶搅拌站

双阶搅拌站又称二次上料搅拌站。适用于中型的、自行搅拌混凝土的工地。也有一部分商品混凝土厂采用此种生产线。

其工艺路线是将砂、石子等骨料做 2 次提升，水泥、掺合料、外加剂和水做 1 次提升。其年产量可达 30000m³。其工艺流程如图 2－6。砂、石子的提升设备大多采用龙门吊机或桥式吊机。此种搅拌站已有成套设备供应，图 2－7 是其中之一种。投料及搅拌均能采用程控自动装置。

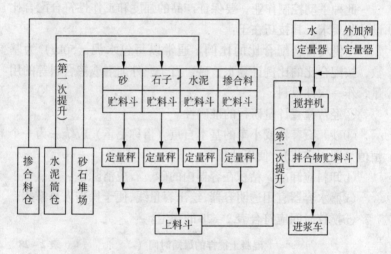

图 2－6　搅拌站工艺流程示意图

（3）搅拌楼

搅拌楼的工艺流程是一次上料，多机组共同协作，集中了混凝土搅拌的先进技术和装备于一身，是工期较长、用量较大的工地和大型商品混凝土供应商的主要设备。其设计生产能力为10～240m³/h。我国已有多个机械厂能供应成套设备。从投料到混凝土拌成出料全部自动化控制。其工艺流程如图 2－8 所示。

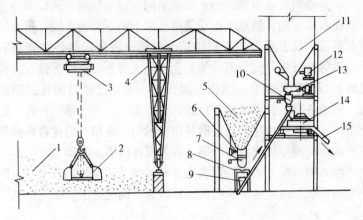

图 2-7　龙门吊机抓斗上料搅拌站工艺布置示意图

1—砂、石堆场；2—抓斗；3—电动葫芦；4—龙门吊机；

5—砂、石（分格）贮仓；6—给料器；7—称量斗；

8—水平横向胶带；9—上料斗；10—水泥称量斗；

11—散装水泥仓；12—水箱；13—螺旋给料器；

14—搅拌机；15—出浆溜槽

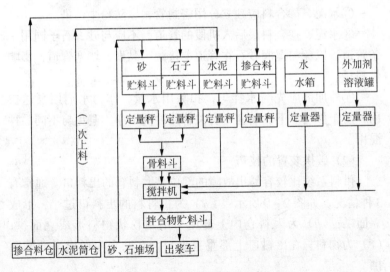

图 2-8　搅拌楼工艺流程图

搅拌楼的设备布置，由于规模不同、设备数量不同以及专业不同而有所区别，但基本布局通常是由上而下分为5层：第5层为布料层，设有承接皮带机终端分料机，将运来的各种规格石子、砂等按规格分配至不同的贮仓。第4层为贮仓层，设有各种规格的石子仓和砂仓；水泥、掺合料、水和已拌匀的外加剂溶液，则由各自的管道送进各自的贮仓。第3层为计量层，各个贮仓出口下均装置相应的计量器及出口闸门，由相应的皮带机或管道直接送至搅拌机进料口。第2层为搅拌机层，亦即主机层，按生产能力和混凝土品质的要求安装有关型号的搅拌机若干台。底层为出料层，由运送车承接从出料口卸下的混凝土，送至施工工地。

2.3.2 供料系统

1. 供料管道

（1）一般要求

①砂石上料管道或皮带机都可以采用开敞式，但不应露天，避免加大含水量。

②水泥、掺合料应独立分用密封管，以防粉尘污染。

③水泥、掺合料最后入机段的管道，不应与砂、石子同用一条管道，以免与湿润砂石在管道上接触、黏聚，堵塞管道，影响供料量。

④外加剂应先与水拌匀，扣除用水量，作为水剂用泵送掺用，易于拌匀。下班前应对有关管路冲洗干净，避免与不同品种混用。

（2）破拱装置的技巧

供料系统比较容易出故障的部位是贮料仓的出料口。通常有3种情况，如图2-9所示：（a）为粗骨料的出料口过小，形成立面拱；（b）为因料仓内上部压力不足粉状物料形成立面拱；（c）为物料只在出料口上部垂直出料，在贮仓内形成平面圆筒拱。

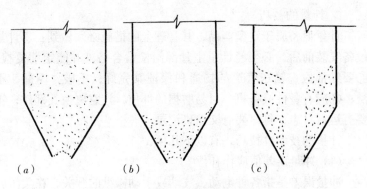

图2-9 物料在出料口所形成的拱

(a)、(b) 立面拱；(c) 筒形拱

破拱的技巧:对粉状物料,一是在出料口下加装一台叶轮式分料器,如图2-10(a);二是在出料口锥部装置若干气嘴,用压缩空气吹送,使粉状物料流态化,如图2-10(b),均能化解立面拱。对骨料所形成的各类拱,可在库顶安装一台卷扬机,其电动开关为正反运行装置;带动链条做往返运动,骨料所形成的拱均能破解,如图2-10(c)。但此法只能在建仓时或空仓时装置。

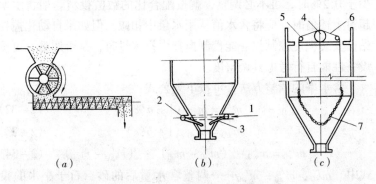

图2-10 贮仓出料口的破拱装置

1—压缩空气进入；2—环形气管在锥体外；

3—入气嘴；4—小卷扬机；5—转向轮；

6—钢丝绳；7—链条

2. 计量的技巧

计量设备属于定型产品，其管理上的措施必须做到：①计量设备安装前后，必须经计量主管部门检验合格，并能定期复检；②要经常检查输送管道的畅通和保证其完好，不破，不漏，不溢；③应有备件或备机，对易磨损的部位，注意更换其部件；④要有运行日志，每班要有交接班记录。

计量的技术性技巧，有以下几项：

(1) 冲量误差值应作补偿

冲量误差是指各种电动、气动或手动操纵的开关，在关闭后由于闸门灵敏度不良或物料的原因所形成的仍有少数物料冲闸而出的误差。此种误差因物料品种不同、粒径不同，或因设备的老化而有所差异，不能以百分值从计量指标中扣除。应对每个闸口、不同物料，不同气象的情况下，经常检测其误差值，将误差值引入作业指标中进行调整补偿。

(2) 根据骨料含水率调整配合比

为保证按配合比正确供料，在搅拌工序准备期，应对砂、石子的含水率进行检测。当砂的含水率少于 0.5%、石子的含水率少于 0.2% 时，可不必调整，就按配合比的数值投料。如含水率超过上述值时，应将含水值从用水量中扣减。但如果自动化搅拌站已安装稠度控制仪、能控制搅拌中投水量时，是否调整，可按设备性能自行考虑其调整度。

含水率的调整方法，可按下列公式：

$$m'_{s0} = m_{s0} \ (1 + a\%) \tag{2-32}$$

$$m'_{g0} = m_{g0} \ (1 + b\%) \tag{2-33}$$

$$m'_{w0} = m_{w0} - (m'_{s0} - m_{s0}) - (m'_{g0} - m_{g0}) \tag{2-34}$$

式中　m'_{s0}、m'_{g0}、m'_{w0}——调整含水量后的砂、石子、水的投料量；

a、b——砂、石含水率。

(3) 调整砂、石子含水率的例题

按表 2-18 的配合比用料量：$m_{w0} = 185\text{kg}$、$m_{s0} = 653\text{kg}$、

$m_{g0} = 1213 kg$。经检测得知砂的含水率为 4%、石子的含水率为 1.5%，请调整其配合比。

解题：

按式 （2 – 32） 至 （2 – 34） 计算：

$$m'_{s0} = 653 （1 + 0.04）$$
$$= 679 （kg）$$
$$m'_{g0} = 1213 （1 + 0.015）$$
$$= 1231 （kg）$$
$$m'_{w0} = 185 - （679 - 653） - （1231 - 1213）$$
$$= 141 （kg）$$

调整后的投料量：水泥 $349 kg/m^3$；水 $141 kg/m^3$；砂 $679 kg/m^3$；石子 $1231 kg/m^3$

复核，总投料量为 $2400 kg/m^3$

（4）每拌投料量

规范要求，每拌投料量不能大于搅拌机型号的主参数。各种材料的投料量，可按下式计算：

$$m_w = V_{出}‰ \cdot m_{w0} \tag{2 – 35}$$
$$m_c = V_{出}‰ \cdot m_{c0} \tag{2 – 36}$$
$$m_s = V_{出}‰ \cdot m_{s0} \tag{2 – 37}$$
$$m_g = V_{出}‰ \cdot m_{g0} \tag{2 – 38}$$
$$Q_{投} = m_w + m_c + m_s + m_g \tag{2 – 39}$$

式中　m_w、m_c、m_s、m_g——水、水泥、砂、石子的每拌投料量
（kg）；

$V_{出}$——搅拌机的主参数；

$Q_{投}$——每拌总投料量（kg）

（注：如配合比有外加剂、掺合料时，可仿照上式计算。）

（5）投料量例题

按上述含水率例题调整后的结果，搅拌机型号为 JF250 型，请计算其每拌的投料量。

已知：$V_出 = 0.25$；$m_w = 141\text{kg/m}^3$；$m_c = 349\text{kg/m}^3$；

$m_s = 679\text{kg/m}^3$；$m_g = 1231\text{kg/m}^3$

按式（2-35）～（2-39）计算：

$$m_w = 0.25 \times 141$$
$$= 35.25 \text{（kg）}$$
$$m_c = 0.25 \times 349$$
$$= 87.25 \text{（kg）}$$
$$m_s = 0.25 \times 679$$
$$= 169.75 \text{（kg）}$$
$$m_g = 0.25 \times 1231$$
$$= 307.75 \text{（kg）}$$

复核，是否符合下式

$$m_w + m_c + m_s + m_g = 0.25 \times 2400$$
$$= 600 \text{（kg）}$$

实算：

$$35.25 + 87.25 + 169.75 + 307.75 = 600 \text{（kg）}$$

复核相符。

（6）投料允许误差

混凝土原材料在计量投料时的允许误差如表 2-29。

混凝土原材料称量的允许偏差（%）　　　　表 2-29

材 料 名 称	允 许 偏 差
水泥、掺合料	±2
粗、细骨料	±3
水、外加剂	±2

注：①各种衡器应定期校验，保持准确；

②骨料含水率应经常测定，雨天施工应增加测定次数。

2.3.3　搅拌新技巧

在未介绍新技巧之前，先了解目前常用的单机搅拌工艺的不足之处。

单机搅拌如图 2-5，这是一般小工地使用较多的搅拌方式。

其操作方法是先将 3 种（连同掺合料则为 4 种）干料投进料斗，一次将其全部投入搅拌机内，边加水、边搅拌。这种一次投料一次搅拌的方法，所产出的混凝土经微观检验，水泥未能充分包裹砂和石子，将影响混凝土强度和耐久性。

从 20 世纪 80 年代开始，日本出现一种称为"造壳混凝土"的搅拌方法，亦称为二次投料二次搅拌的新工艺。其生产流程如图 2 - 11。

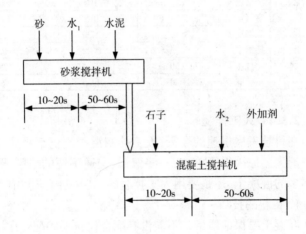

图 2 - 11　二次投料、二次搅拌工艺和设备布置简图

根据有关部门资料，造壳混凝土与非造壳混凝土相比，当配合比与材料品质均相同时，造壳混凝土可提高强度 30%，其性能对比如表 2 - 30。

造壳混凝土的优点除表 2 - 24 所表示的可提高混凝土性能外，由于采用双机制生产，缩短了生产周期，提高了产量。已被我国各商品混凝土厂所采用。

如由于场地或投资或其他原因未能采用双机制而又准备采用造壳混凝土工艺时，可选用既能搅拌砂浆，又能搅拌混凝土的卧轴强制式搅拌机，亦可实行单机二次投料、二次搅拌新工艺。

不同投料搅拌混凝土性能对比表			造壳混凝土	非造壳混凝土
			（两次投料搅拌）	（一次投料搅拌）

表 2 – 30

材料用量	水泥	（kg/m³）	369	367
	河砂	（kg/m³）	738	739
	卵石	（kg/m³）	1107	1100
	高效减水剂	（L/m³）	3.69	3.94
	水	（kg/m³）	185	182
搅拌后混凝土性能	温度	（℃）	10	11
	坍落度	（mm）	180	180
	空气量	（%）	0.5	1.4
	湿堆密度	（kg/m³）	2430	2400
	泌水率	（%）	0.08	1.26
	抗压强度	7d（MPa）	37.4	28.9
		28d（MPa）	49.5	39.5

2.3.4 人工拌制

在科技发展迅速的今天,人工拌制混凝土仍很难从混凝土领域中消失。原因很简单,在一些偏僻、交通不便的地区,要拌制数量不多的混凝土,还是要用人工拌制的,其拌制工艺可有所改进。

1. 备料的技巧

混凝土要保证质量,不能没有配合比;要按配合比施工,就必须有正确的计量,有符合要求的材料。在偏僻的地方,很难进行选配。备料的技巧,就是采用"预配法":将配料工作,提前在材料供应点解决,除搅拌用水外,提前在材料供应点按照配合比将每拌的用料量分别用塑料袋包装好,随着施工地点随时转移,随时可用。水的计量可用刻有重量线的容器计量,就地取水。完全避免了选料、计量的麻烦。

2. 拌制的技巧

人工拌制混凝土可用三干三湿法。这种方法是传统的技巧,也符合造壳混凝土的机理。其主要工具就是两块用钢板或用木板拼制成的拌板和几把铁铲。

其操作技巧如图 2 – 12 所示。其中,

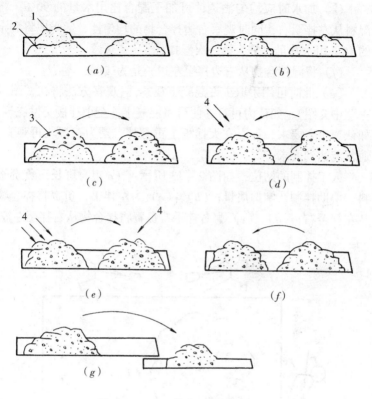

图 2-12 人工拌合三干三湿工艺图

1—水泥；2—砂子；3—石子；4—水

（a）首次投料先将砂子平铺在拌板的左方，后将水泥铺在砂子上。开始干拌，将水泥、砂子从左拌至右；操作方法：正铲插入砂子底下，连同面上的水泥用反铲投向右方（注：铲面向上称为正铲；铲面向下称为反铲）。

（b）将已混和的水泥砂子从右拌回左方，这是第一次干拌，称为一干。

（c）加投石子，将干料从左拌至右，是为二干；

（d）将干料从右拌至左，是为三干。已拌至左边的料便可开始用浇花壶少量加水；

（e）加水时应均匀洒透，可加至配合比用水量的90%。将湿料从左拌至右，同时观察右边拌合物的均匀性，适当地将剩余的10%用水补足。是为第一次湿拌；

（f）将湿拌合物从右边拌至左边，是为二湿；

（g）此时可用手取少许混凝土观察，（观察方法将在"附录一"中介绍），如认为可行，便可将混凝土拌至小拌板交付浇筑；如认为未合要求，可以在大拌板上再翻拌，是为三湿。再观察，通常能达到要求。

人工拌制的站位，如图2－13所示：（a）为班长，负责下料、协助拌制，掌握质量；（b）、（c）为左拌手，负责将拌合物从左拌至右；（d）、（e）为右拌手，负责将拌合物从右拌至左。

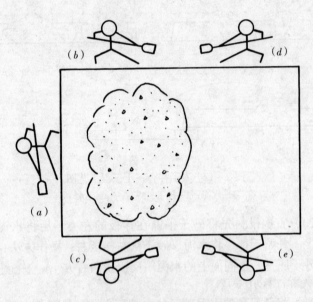

图2－13　人工拌和混凝土岗位图

3 混凝土的浇筑

3.1 混凝土浇筑的相关事项

3.1.1 模板

随着混凝土技术的发展和混凝土浇筑工艺的发展，模板也出现了各种新工艺。它由散体板件的拼装进步为定型模板，现在已进入工具式模板阶段。

1. 竖向构件模板

（1）滑升模板

滑升模板是专为竖向构件的浇筑而设计的。可以整座建筑物同时浇筑，同时提升，施工速度较快。其基本原理是利用先浇筑的混凝土已出现强度，可承受一定压力后，将模板逐层提升。其滑升程序及每浇筑层厚度，如图3-1。其模板构造如图3-2，依靠爬杆作为上升的支柱，用油压千斤顶带动模板向上升。多台油压千斤顶由中央操作台集中控制，统一提升。

在高层建筑可用于墙、柱、筒形等结构的浇筑，因其操作程序要求严格，设备复杂而精细，因而在大型高层建筑的施工上现已少用；但在圆筒形、塔形建筑如贮罐、烟囱、高大桥墩等，因其结构较简单，易于控制，仍多采用。

（2）大模板（爬模）

大模板多用于墙体的浇筑，内、外墙、筒体墙、剪力墙均可适用。均以房间开间或横间墙的尺寸为准。内墙大模板的支撑系统用三角架或小桁架形式，直接竖立在已浇筑好的楼板上(见图3-3)。上部可带或不带浇筑工作平台。在纵横墙交接处用小角模补充。

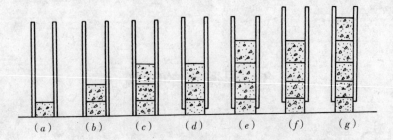

(a) (b) (c) (d) (e) (f) (g)

图 3 – 1   滑模施工混凝土浇筑层次及出模示意图

（a）浇筑第 1 层厚 20cm；（b）浇筑第 2 层厚 20cm；

（c）浇筑第 3 层厚 20 ~ 30cm；（d）第 1 次提升 5cm；

（e）浇筑第 4 层厚 30cm；（f）第 2 次提升 10 ~ 15cm；

（g）浇筑第 5 层厚 30cm，以后各层均浇筑 30cm。

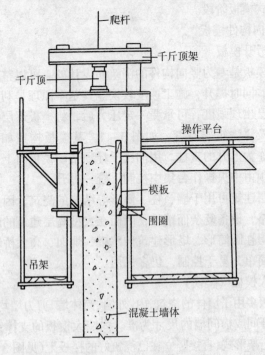

图 3 – 2   滑升模具装置图

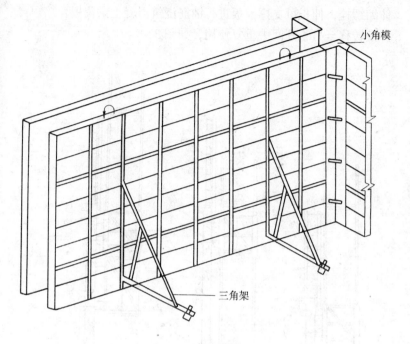

图 3-3 大模板组装型式

外墙大模板可利用已浇筑好的外墙，用螺栓作支承，逐层提升，称为爬模。爬模方式有架子爬架子（见图 3-4），或模板爬架子，架子爬模板（见图 3-5）等方式。

（3）筒模

房间尺寸较小的筒形结构或电梯井的大模板，可组合成整体筒模，用铰链、花篮螺栓等连接成整体，刚度较好，拆装方便，其构造如图 3-6。可以整体吊运。

2.综合性模板

（1）台模（飞模）

台模是由平台板、梁、支架、调节支腿和配件组成。适用于大柱网、大空间的钢筋混凝土楼盖施工。其特点是一次组装、整体支撑、整体拆除，可重复使用。其关键是在支腿上加装可调的伸缩螺栓，伸长可支撑模板进行铺筋浇筑混凝土梁及板，缩短可拆模转移至另一开间中重复使用，如图3-7。

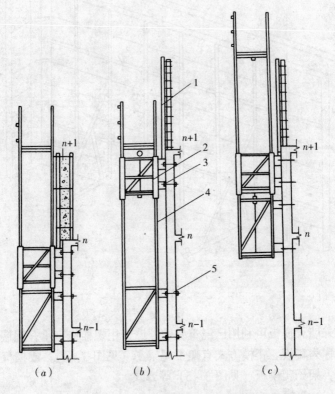

图3-4 "架子爬架子"式爬升模板

1—大模板；2—小爬架；3—支座；4—大爬架；5—对拉螺栓

（a）小爬架套在大爬架竖杆上，大、小爬架均用穿墙螺栓固定在已浇筑好的 n 层墙体上，安装 $n+1$ 层钢筋、墙体模板及浇筑墙体混凝土；

（b）待 $n+1$ 层墙体混凝土有一定强度后，卸下 n 层小爬架的穿墙螺栓，将起重设备挂在大爬架上部，将小爬架提升至 $n+1$ 层，并用穿墙螺栓固定；

（c）卸下 n 层大爬架的穿墙螺栓，将起重设备挂在小爬架底部，将大爬架提升至 $n+1$ 层，用穿墙螺栓固定在墙体上，即可进行 $n+2$ 层的施工。

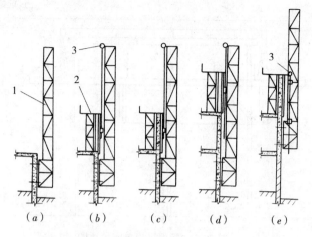

图 3-5 模板爬架子、架子爬模板程序示意图

1—架子；2—墙体内、外模板；3—提升设备

（a）利用已完成的底层墙体安装架子；

（b）提升设备在架子上部，提升及安装 2 层墙体内、外模板及钢筋；

（c）浇筑 2 层墙体混凝土；

（d）提升设备在架子上部，提升及安装 3 层墙体内、外模板及钢筋；

（e）浇筑 3 层墙体混凝土，在 3 层墙体及模板未拆前，在墙体模板上安装提升设备，将架子提升并安装在 2 层墙体上。以后按此程序循环爬升。

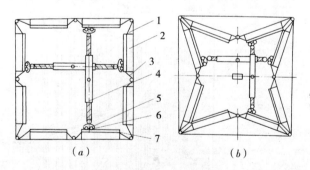

图 3-6 自升式筒模支拆示意图

（a）支模；（b）拆模

1—角模；2—大模板；3—直角形铰接式角模；

4—退模器；5—E 形扣件；6—竖龙骨；7—横龙骨

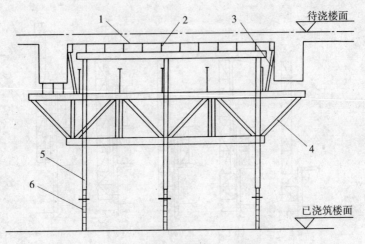

图 3-7 楼面飞模单元示意图

1—覆膜胶合板面板；2—小楞；3—梁侧板；
4—桁架；5—钢支腿；6—可调底座

(2) 隧道模

隧道模的优点是可同时浇筑横墙和楼板。其模板由两个"门"形模相对组成一个开间的整体模板，如图 3-8。各个部位均有相应的连接螺栓、定位块、滑轮和零配件。

图 3-8 隧道模单元角形模构造图

（3）早拆模系统

早拆模系统是利用缩短梁、板跨度可缩短拆模时间的原理，提前拆除一部分模板和支撑，以提高模具的周转率，减少周转材料的投入。

早拆模系统的做法是在模板、支柱和桁架等设计时，考虑哪些可以早拆，哪些保留后拆，在早拆的支柱下端安装可调底座，用以拆除模架；在准备保留支柱的上端，留设柱头托板，继续支承荷载。其装置如图3-9。

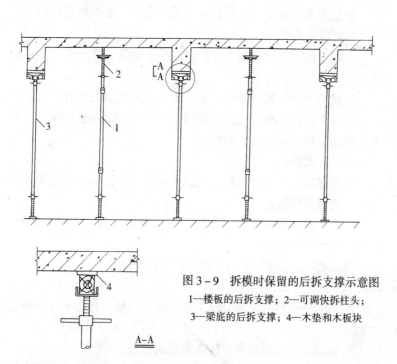

图3-9　拆模时保留的后拆支撑示意图
1—楼板的后拆支撑；2—可调快拆柱头；
3—梁底的后拆支撑；4—木垫和木板块

A—A

3. 对模板的要求

良好的混凝土质量，必须有良好的模板作基础，要求模板能达到下列4项要求和表3-1、表3-2的规定。

①能按照设计的要求，保证工程各部位及预埋件形状和尺寸，并且定位准确；

②支撑牢固，有足够的刚度和稳定性，能可靠地承受新混凝土浇筑时的各种压力及施工荷载；

③构造简单，装拆方便，对钢筋有足够的保护层；

④模板接缝严密，确保不漏浆。

3.1.2 施工前的工作

1. 技术交底

施工方案技术交底由项目技术主管负责，主要内容有：

（1）现场布置

①施工组织设计或施工计划对混凝土浇筑工序的安排，工作量和时间的分配；

②现场道路桥架的搭设，水、电、泵送管道的布置；

③安全装备，如高空工作的支承方案，夜间施工的照明装置，劳动保护用品的发放和措施。

（2）技术措施

①工序互检工作，模板、钢筋骨架、保护层厚度等是否经技术主管验收合格签证；

②工作量、浇筑工序、操作人员、使用机具、工作面分配、进度计划等的安排；

③来料（新拌混凝土）强度试件的留样和工作性检测的安排；

④介绍设计图纸及各分项工程的要求，提出操作要点和质量要求；

⑤根据天气预报提出应注意的临时措施；

⑥与项目主管、搅拌站、送料班组负责人以及机修人员之间联系的方法。

2. 接班的检查

（1）基础土槽

①如有局部软土，应将其清除；

②如有洞穴，应通知技术主管处理，记入施工日记；

③如有积水，应清除；如为流动性地下水，通知技术主管处理，记入施工日记；

④如是岩石或干燥土壤，在浇筑混凝土前应洒水将之湿润，但不能积水。

（2）上部结构

虽然模板及隐蔽项目等已经技术主管验收，但为便于工作，混凝土工在浇筑前亦应对其做较具体的复检，在浇筑过程中注意保证其准确性。

①预埋件和预留孔洞的允许偏差如表3－1；

②现浇结构模板安装的允许偏差及检验方法如表3－2；

③纵向受力钢筋的混凝土保护层最小厚度如表3－3，这是国家标准的强制性规定，不应疏忽。

3.新拌混凝土工作性的检验

新拌混凝土工作性是否符合施工要求，关系到工期计划、施工措施、施工工具、施工效果和混凝土质量等问题。不论是工地自拌混凝土还是商品混凝土，均应按照订货计划在进场时进行检验，双方共同签证。如与订货合同相差较大，是否验收，应请示技术主管。

预埋件和预留孔洞的允许偏差　　　　　表3－1

项　　　　目		允许偏差（mm）
预埋钢板中心线位置		3
预埋管、预留孔中心线位置		3
插　筋	中心线位置	5
	外露长度	＋10，0
预埋螺栓	中心线位置	2
	外露长度	＋10，0
预留洞	中心线位置	10
	尺　寸	＋10，0

注：检查中心线位置时，应沿纵、横两个方向量测，并取其中的较大值。

现浇结构模板安装的允许偏差及检验方法　　表 3 – 2

项　　目		允许偏差（mm）	检验方法
轴线位置		5	钢尺检查
底模上表面标高		±5	水准仪或拉线、钢尺检查
截面内部尺寸	基　　础	±10	钢尺检查
	柱、墙、梁	+4，−5	钢尺检查
层高垂直度	不大于 5m	6	经纬仪或吊线、钢尺检查
	大于 5m	8	经纬仪或吊线、钢尺检查
相邻两板表面高低差		2	钢尺检查
表面平整度		5	2m 靠尺和塞尺检查

注：检查轴线位置时，应沿纵、横两个方向量测，并取其中的较大值。

纵向受力钢筋的混凝土保护层最小厚度（mm）　　表 3 – 3

环境类别		板、墙、壳			梁			柱		
		≤C20	C25~C45	≥C50	≤C20	C25~C45	≥C50	≤C20	C25~C45	≥C50
一		20	15	15	30	25	25	30	30	30
二	a	—	20	20	—	30	30	—	30	30
	b	—	25	20	—	35	30	—	35	30
三		—	30	25	—	40	35	—	40	35

注：基础中纵向受力钢筋的混凝土保护层厚度不应小于 40mm；当无垫层时应不
　　小于 70mm。

（1）坍落度的检测

流动性（塑性）混凝土工作性的检验，通常用坍落度筒法检测，如图 3 – 10，此法适用于粗骨料粒径不大于 40mm 的混凝土。坍落度筒为薄金属板制成，上口 $\phi = 100\text{mm}$，下口 $\phi = 200\text{mm}$，高度 $h = 300\text{mm}$。底板为放于水平的工作台上的不吸水的金属平板。检验方法如下：

①将所用工具用水润湿。

②将新拌混凝土分 3 层均匀装入筒内。每层用捣棒按螺旋形

由外向中心均匀插捣，每层 25 次，上一层应插透本层并至下一层表面。第三层插捣后将表面抹平。

③双手平稳地垂直提起外筒。

④上述全部过程应在 2.5min 内完成。

⑤如图 3 - 10，测量其与金属筒的高差，即为坍落度值。

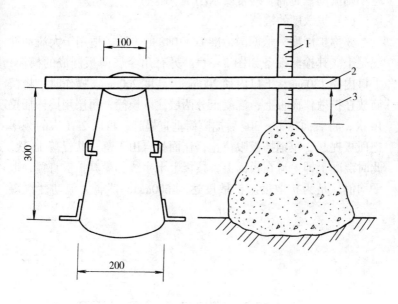

图 3 - 10　混凝土坍落度的测定
1—钢尺；2—直尺；3—坍落度

（2）坍扩度的检测

利用坍落度试验后拌合物向周围流动，待其稳定后，测量其扩散后的直径，取纵横两方向的平均值即为坍扩度。坍扩度越大则流动性越好。一般大流动性混凝土要求其坍扩度 > 500mm。

采用此法时，应注意平板面应处于水平状态和平板板面应光滑。

（3）流出时间的检测

此法也是采用坍落度筒为主要工具，另准备 1 个悬挂支架，1 台以秒为计量单位的计时器，坍落度筒的小端加装活门。

按坍落度检测方法装好料，将坍落度筒小口在下，挂在支架上；下口距离平板宜大于 200mm。测试时，在打开下口活门的同时开动计时器，拌合物从坍落度筒流净后关闭计时器。所需时间越小则流动性越高，通常要求小于 30s。

（4）扩散度的检测

亦称扩展度，是德国标准 DIN1048 的方法。适用于大流动性混凝土。其检测设备如图 3 – 11。另有用金属薄板制成的模筒，上口内径 130mm，下口内径 200mm，高度 200mm。操作时，将模筒放在扩散仪面板上；混凝土分两层注入模筒，每层用捣棒插捣 10 次，将表面抹平；30s 后把模筒垂直提起；再以 2s 1 次的频率把面板提起，至钢挡板限位止，让面板自由下落，共提落 15 次。此时混凝土即平流在板面上，按板上十字线测量其扩散直径，取平均值，是为扩散度。扩散度达到 600mm，即属大流动性混凝土。

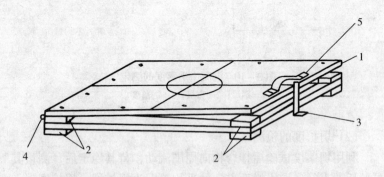

图 3 – 11　扩散度仪

1—厚 21mm 木质夹层板，顶面为 3mm 钢板；2—底框上的 20mm 厚木角垫；3—钢挡板及脚踏（用于控制提升高度：(40 ± 1) mm）；4—合页；5—手把

（5）L形流动仪的检测

L形流动仪装置在《高强混凝土结构技术规程》（CECS104：99）中有介绍，流行于日本。其装置如图3-12。

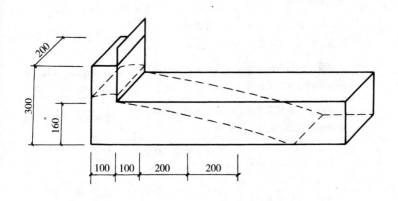

图3-12　L形流动仪

注：用有机玻璃或金属制成。所用工具与坍落度试验用相同，另加可计4点的秒表一只。

试验时将拌合物填充入竖箱，抹平。在拉起隔板的同时按动计时器，拌合物沿水平槽流动，停止时按停计时器。一看流动时间 t（s），二看水平流动长度 L_f（cm），计算其流速 L_f/t，称为L形流动速度；三看拌合物的下沉值 L_s（cm），其值与锥形坍落度筒法的坍落度基本接近。此三者若与施工设计要求相近，便可采用。

3.1.3　现浇结构的质量标准

1．现浇结构外观质量

现浇结构的外观质量，分为严重缺陷和一般缺陷，如表3-4。其中，不允许出现严重缺陷；如出现严重缺陷，应由施工单位提出技术处理方案，经监理（建设）单位认可后，由施工单位按照认可的方案进行处理。处理后应重新验收。

名　称	现　　象	严 重 缺 陷	一 般 缺 陷
露　筋	构件内钢筋未被混凝土包裹而外露	纵向受力钢筋有露筋	其他钢筋有少量露筋
蜂　窝	混凝土表面缺少水泥砂浆而形成石子外露	构件主要受力部位有蜂窝	其他部位有少量蜂窝
孔　洞	混凝土中孔穴深度和长度均超过保护层厚度	构件主要受力部位有孔洞	其他部位有少量孔洞
夹　渣	混凝土中夹有杂物且深度超过保护层厚度	构件主要受力部位有夹渣	其他部位有少量夹渣
疏　松	混凝土中局部不密实	构件主要受力部位有疏松	其他部位有少量疏松
裂　缝	缝隙从混凝土表面延伸至混凝土内部	构件主要受力部位有影响结构性能或使用功能的裂缝	其他部位有少量不影响结构性能或使用功能的裂缝
连接部位缺陷	构件连接处混凝土缺陷及连接钢筋、连接件松动	连接部位有影响结构传力性能的缺陷	连接部位有基本不影响结构传力性能的缺陷
外形缺陷	缺棱掉角、棱角不直、翘曲不平、飞边凸肋等	清水混凝土构件有影响使用功能或装饰效果的外形缺陷	其他混凝土构件有不影响使用功能的外形缺陷
外表缺陷	构件表面麻面、掉皮、起砂、沾污等	具有重要装饰效果的清水混凝土构件有外表缺陷	其他混凝土构件有不影响使用功能的外表缺陷

2. 尺寸偏差

现浇结构不应有影响结构性能和使用功能的尺寸偏差，如表3-5。现浇设备基础不应有影响结构性能和设备安装的尺寸偏差，如表 3-6。对超过尺寸允许偏差且影响结构性能和安装、使用功能的部位，应由施工单位提出技术处理方案，并经监理（建设）单位认可后进行处理，经处理后应重新验收。

现浇结构尺寸允许偏差和检验方法 表3-5

项　目		允许偏差（mm）	检验方法
轴线位置	基础	15	钢尺检查
	独立基础	10	
	墙、柱、梁	8	
	剪力墙	5	
垂直度	层高　≤5m	8	经纬仪或吊线、钢尺检查
	层高　>5m	10	经纬仪或吊线、钢尺检查
	全高（H）	$H/1000$且≤30	经纬仪、钢尺检查
标　高	层　高	±10	水准仪或拉线、钢尺检查
	全　高	±30	
截面尺寸		+8，-5	钢尺检查
电梯井	井筒长、宽对定位中心线	+25，0	钢尺检查
	井筒全高（H）垂直度	$H/1000$且≤30	经纬仪、钢尺检查
表面平整度		8	2m靠尺和塞尺检查
预埋设施中心线位置	预埋件	10	钢尺检查
	预埋螺栓	5	
	预埋管	5	
预留洞中心线位置		15	钢尺检查

注：检查轴线、中心线位置时，应沿纵、横两个方向量测，并取其中的较大值。

混凝土设备基础尺寸允许偏差和检验方法 表3-6

项　目		允许偏差（mm）	检验方法
坐标位置		20	钢尺检查
不同平面的标高		0，-20	水准仪或拉线、钢尺检查
平面外形尺寸		±20	钢尺检查
凸台上平面外形尺寸		0，-20	钢尺检查
凹穴尺寸		+20，0	钢尺检查
平面水平度	每　米	5	水平尺、塞尺检查
	全　长	10	水准仪或拉线、钢尺检查

项　　目		允许偏差（mm）	检验方法
垂直度	每　米	5	经纬仪或吊线、钢尺检查
	全　高	10	
预埋地脚螺栓	标高（顶部）	+20，0	水准仪或拉线、钢尺检查
	中心距	±2	钢尺检查
预埋地脚螺栓孔	中心线位置	10	钢尺检查
	深　度	+20，0	钢尺检查
	孔垂直度	10	吊线、钢尺检查
预埋活动地脚螺栓锚板	标　高	+20，0	水准仪或拉线、钢尺检查
	中心线位置	5	钢尺检查
	带槽锚板平整度	5	钢尺、塞尺检查
	带螺纹孔锚板平整度	2	钢尺、塞尺检查

注：检查坐标、中心线位置时，应沿纵、横两个方向量测，并取其中的较大值。

3. 混凝土强度检验

（1）取样方法

结构混凝土的强度检测试件，应在混凝土浇筑地点随机抽取。取样及试件留置应符合下列规定：

①每拌制 100 盘，且不超过 100m³ 的同配合比的混凝土，取样不得少于 1 次；

②每工作班拌制的同一配合比的混凝土不足 100 盘时，取样不得少于 1 次；

③当一次连续浇筑超过 1000m³ 时，同一配合比的混凝土，每 200m³ 取样不得少于 1 次；

④每一楼层、同一配合比的混凝土，取样不得少于 1 次；

⑤每次取样应至少留置一组标准养护试件。同条件养护试件的留置组数，应根据实际需要确定。

（2）强度试件的制作尺寸和强度换算

试件的制作，干硬性混凝土应采用振动台制作；非干硬性混凝土可采用人工制作。人工捣插成型的方法如下：

①其所用的试模尺寸及强度换算如表3-7。

混凝土试件尺寸及强度的尺寸换算系数   表3-7

骨料最大粒径（mm）	试件尺寸（mm）	强度的尺寸换算系数
≤31.5	100×100×100	0.95
≤40	150×150×150	1.00
≤63	200×200×200	1.05

注：对强度等级为C60及以上的混凝土试件，其强度的尺寸换算系数可通过试验确定。

②混凝土分2层投入试模，用 $\phi16mm$ 钢棒插捣。

③插捣时呈螺旋形，从边缘至中心移动。

④插捣棒应垂直插捣，并深入下层。

⑤插捣次数：100mm立方模为12次；150mm立方模为25次；200mm立方模为50次。

⑥用抹刀沿试模内壁插动数次，再将表面抹平。

⑦覆盖、静置1~2d后脱模，再在静水中养护28d后试压。试压时强度换算系数按表3-7选用。

3.2 混凝土浇筑的基本工艺：布料和捣固

混凝土浇筑工艺，就是将新拌的松散拌合物浇灌到模板内并进行捣固，再经养护硬化后成为混凝土结构物。"浇"就是布料，"筑"就是捣固，是混凝土施工中最关键的工序。这两个工序是紧密相连的。

混凝土的成型过程因施工项目、施工机具、施工季节等不同而有所区别，但其原理是相同的。本章所介绍的是通用的基本工艺和基本技巧。

3.2.1 布料的基本准则

布料的基本准则是浇筑工艺中必须遵守的规则。

1. 时效

新拌混凝土中水泥与水拌合后，开始水化反应，有 4 个阶段：初始反应期、休止期、凝结期和硬化期。各期所需时间的长短，因水泥的品种而异。初始反应期约 30min，休止期约 120min，此段时间内混凝土具有弹性、塑性和粘性的流变性。随后，水泥粒子继续水化，约在水与水泥拌合后 6～10h，是为凝结期；再后为硬化期。

我国水泥标准规定，一般水泥初凝期不得早于 45min；终凝期：除 P.1 型硅酸水泥不得迟于 6.5h 外，一般水泥不得迟于 10h。在浇筑混凝土时应控制混凝土从出搅拌机到浇筑完毕的时间，不得超过表 3－8 的规定。

混凝土凝结时间（min）（从出搅拌机起计）　　　表 3－8

混凝土强度等级	气温（℃）	
	低于 25	高于 25
≤C30	210	180
>C30	180	150

注：当混凝土中掺有促凝或缓凝型外加剂时，其允许时间应根据试验结果确定。

2. 分层厚度

为保证混凝土的整体性，浇筑工作原则上要求一次完成。但对较大体积的结构、较长的柱、较深的梁，或因钢筋或预埋件的影响，或因振捣工具的性能，或因混凝土内部温度的原因等等，必须分层浇筑时，其分层厚度应按表 3－9 的规定。

浇筑次层混凝土时，应在前层混凝土出机未超过表 3－8 规定的时间内进行；捣固时应深入前层 20mm～50mm。如已超过表 3-8 的时限，则应按施工缝处理。详见 3.3.5 中的施工缝章节。

混凝土浇筑层的厚度　　　表 3-9

序号	捣实混凝土的方法		浇筑层厚度（mm）
1	插入式振动器		振动器作用部分长度的 1.25 倍①
2	表面振动器		200
3	人工捣固	在基础、无筋混凝土或配筋稀疏的混凝土结构中	250
		墙、板、梁、柱结构	200
		配筋密列的结构	150
4	轻骨料混凝土	插入式振动器 表面振动，同时加荷	300 200

①为了不致损坏振动棒及其连接器，实际使用时振动棒插入深度宜不大于棒长的 3/4。

3.2.2　布料的技巧

众所周知，混凝土拌合料未入模型前是松散体，粗骨料质量较大，在布料运动时容易向前抛离，引起离析。将使混凝土外表面出现蜂窝、露筋等缺陷；在内部则出现内、外分层现象，使混凝土强度不一致，成为隐患。为此，在操作上应避免斜向抛送，勿高距离散落。在布料这个工序上，约有 5 种类型，其技巧分述如下：

1. 手工布料

手工布料是混凝土工的最基本的技巧。因拌合物是各种粗细不一、软硬不同的几种材料组合而成，其投放应有一定的规律。如贪图方便，在正铲取料后也用正铲投料，则因石子质量大，先行抛出，而且抛的距离较远；而砂浆则滞后，且有部分粘附在工具上，将造成人为的离析。图 3-13 所示，请注意手柄上的操作方向，直投是错误的；旋转后再投才是正确的。这是混凝土工铲子功的基本功之一。

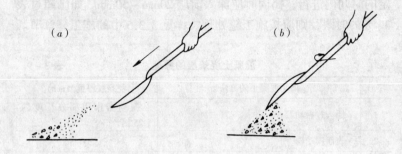

（a）

（b）

图 3 – 13　手工布料

（a）错误方式；（b）正确方式

2.斜槽或皮带机布料

斜槽或皮带机布料是工地常用的布料方法。由于拌合物是从上而下或由皮带机以相当快的速度送来，其惯性比手工操作更大，其离析性也较大。图 3 – 14 表示斜槽卸料，图 3 – 15 表示皮带机卸料。其中，（a）不加挡板，则石子集中在前方，或只加单边挡板，则石子反弹集中在后方，应按图（b）加直筒，其垂直长度应不小于 600mm。将有惯性的拌合物纠正为垂直布料，保证混凝土各组分均匀组合，密实成型。

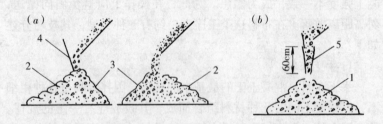

图 3 – 14　斜槽布料

（a）错误方法；（b）正确方法

1—拌合物组合均匀；2—砂浆较集中；

3—石子较集中；4—单边挡板；5—直筒

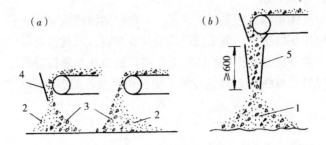

图 3 – 15　皮带机布料

(a) 错误方法；(b) 正确方法

(数码说明同图 3 – 14)

3. 泵送布料

泵送混凝土的运送，也有很大的惯性，如用水平管布料也容易出现离析，而且喷射面较大，很难集中在浇筑点。通常按图 3 – 16 所示，在水平管口安装弯管或帆布套或波纹软胶管套，既能避免离析，亦可准确浇入施工点。但应注意，出料口与受料面的距离，应保持大于 600mm。

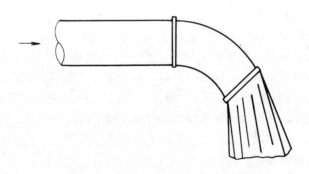

图 3 – 16　泵送混凝土布料口装置示意图

4. 串筒布料

对大体积深基础混凝土施工，一般使用溜槽或泵送布料。但小体积深基础施工，则采用串筒或软管布料，其优点是可以随意移动，设备较易安排。使用时避免离析的方法是掌握好最后3个料筒或最后600mm长度的软管，要保持垂直，如图3-17。

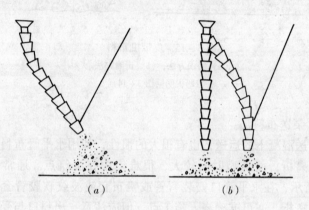

图 3-17 串筒下料
(a) 错误方法；(b) 正确方法

5. 摊铺混凝土

施工中，经常出现由运料车或吊斗将混凝土临时堆放在模板或地坪上备用。使用时，须将之摊平。如将振动棒插在堆顶振动，其结果是堆顶上形成砂浆窝，石子则沉入底部，如图3-18(a)。正确的方法应如图3-18(b)所示，振动棒从底部插入。插入宜慢，其插入速度不应大于混凝土摊平流动的速度。插入的次序：①向四周轮插，②由下向上螺旋式提升，直至混凝土摊平至所需要的厚度。

如用人工摊平，当堆底无钢筋网时，可用铲子从底部水平插入，将混凝土向外分摊。如已有钢筋网，只能使用齿耙将混凝土扒平。

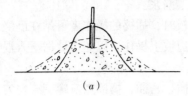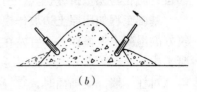

(a) (b)

图 3 – 18 摊平混凝土

(a) 错误方法；(b) 正确方法

3.2.3 捣固的技巧

混凝土浇灌入模后，通常不能全部流平，内部有中空状态。纵使是泵送自流平混凝土，因布料前后有别，快慢不同，其表面也会出现波浪状态，未能达到工程要求的平整度，存在一些内部空隙等。捣固工艺，是在混凝土初凝阶段，使用各种方法和工具进行捣固，使之内部密实；外部按模板形状，充满模板。即人们常说的饱满密实的要求。

振捣方法和设备，亦随着科学技术的发展而逐步改进，由重体力劳动向机械化、组合化发展。这里将按不同的设备分别介绍其技巧。但预制工业的方法，本书从略。

在捣固进行时，拌合物必然随捣固密实而缩小体积，应同时准备一定的拌合物作为补充，以免延误进度。

1. 人工捣固

混凝土采用人工捣固，目前已极少采用。但对某些形状复杂的艺术品、较薄的构件、机械化未普及的乡镇和没有电源的野外作业，仍不得不使用人工捣固。

人工振捣的工具和方法，视操作的项目而定。对于基础、柱、墙、梁等构件，多采用竹竿、钢管或钢筋（可将钢筋端部锻打成扁平形以易于捣插）；对楼板构件，多采用平底锤、平底木桩或用铲背拍打。

人工振捣应与浇灌同时进行，边布料，边捣插。但捣插工作不宜用力过猛，防止将钢筋、钢箍、预埋件及保护层垫块等冲击移位，防止将模板拼缝扩大，引致漏浆。

　　基础工程如用原土边坡作模板时，插捣的操作者可站在已浇筑好的混凝土上操作，不宜站在边坡上操作，以免边坡坍土入混凝土中。

　　对柱、墙、梁捣插时，宜轻插、密插，捣插点应螺旋式均匀分布，由外围向中心靠拢。边角部位宜多插，上下抽动幅度在100～200mm 左右。应与布料深度同步。截面较大的构件，应 2 人或 3 人同时捣插，亦可同时在模板外面轻轻敲打，以免蜂窝等缺陷出现。

　　人工操作浇筑楼板时，一般是布料、捣固和抄平由浇筑工同时承担，所使用的工具，也是中途不更换的"一铲到底"，其操作技巧如图 3－19 所示：（a）先用铁铲背面上下拍打混凝土，使其密实；（b）紧压铲背，作前后推拖，使表面平顺。作业时应用力操作，上下拍打，前后推拖，反复多次，直至混凝土表面泛浆，出现密实象征便可。这是铲子功的基本功之二。

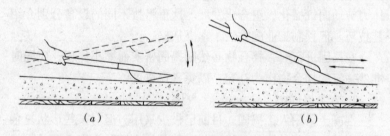

(a)　　　　　　　　(b)

图 3－19　楼板捣固技巧

2. 插入式振动器
（1）构造和作用

　　插入式振动器是插入混凝土内部起振动作用的。又称内部振动器。通常用于基础、梁、柱、墙等项目。是最常用的振动器。其构造由电动机带动传动轴再带动振动棒内的偏心轴造成振动作用。分为软轴式、便携式和直联式如图 3－20（a）（b）（c）。其

80

主要参数是振动棒外径、振动频率和振幅。软轴式振动器的振动棒外径最小为18mm，最大为70mm，常用的为35～50mm。直联式振动器振动棒的外径最小为80mm，最大为130mm。振动频率一般为900～1800r/min。振动棒小的其频率较高，振动棒大的其频率较低。其振幅通常为0.5～2.0mm，振棒小的则振幅小，振棒大的则振幅大。

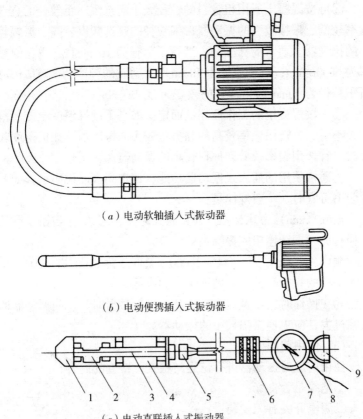

（a）电动软轴插入式振动器

（b）电动便携插入式振动器

（c）电动直联插入式振动器

图3-20　插入式振动器

1—端盖；2—偏心块；3—电动机转子；4—电动机定子；
5—电源盒；6—减振器；7—开关；8—电源线；9—手柄

(2) 选择振动器的技巧

振动器的选用，可从 3 个方面考虑：

①按构件的项目和工作部位而定，如用于素混凝土和钢筋稀疏的基础，宜选用直径较大的振动棒，直至直联式振动器；如工作部位是柱、梁交接点或构件截面不大而钢筋密集时，宜选用小直径振动棒的振动器。

②可按混凝土所用粗骨料的粒径大小而选用：粗粒径的宜选频率较低、振幅较大的振动器；细粒径的宜选频率较高、振幅较小的振动器。通常的标准是：当石子粒径为 10mm 时，适宜的频率为 6000r/min；石子粒径为 20mm 时，适宜的频率为 3000r/min；石子粒径为 40mm 时，适宜的频率为 2000r/min。

③可按混凝土的工作性高低而定。如是干硬性混凝土或坍落度较小时，宜选用频率较高的和振幅较大的振动器；如坍落度较大时，宜选用频率较低和振幅较小的振动器。

④通常使用的插入式振动器功能，请查阅产品说明书。如无说明书可查时，一般规律是：

振幅（min）为 0.5 ~ 1.2（直联式为 0.8 ~ 2.0），与振动棒的直径有关，振动棒粗的振幅大；

频率（r/min）为 10000 ~ 16000（直联式为 8500 ~ 11500），也与振动棒的直径有关，振动棒粗的频率低。

⑤在操作时，如发现水泥浆和小骨料溅射时，说明振动器的振幅过大，应更换振幅较小的振动器。

(3) 使用前的检查

使用前应对振动器进行试运转检查。检查的内容：

①绝缘是否良好；

②漏电开关有无安装；

③振动棒与轴管的连接是否良好；

④振动棒外壳磨损程度，如磨损过大，应要求更换。

(4) 操作技巧

①正确使用软轴式振动器的方式如图 3 - 21 所示：前手 B

（一般为右手）紧握软轴，距振动棒 A 点的距离不宜大于 500mm，用以控制振点。后手 C（一般为左手），距离前手 B 约 400mm，扶顺软轴。软轴的弯曲半径应不大于 500mm。亦不应有两个弯。

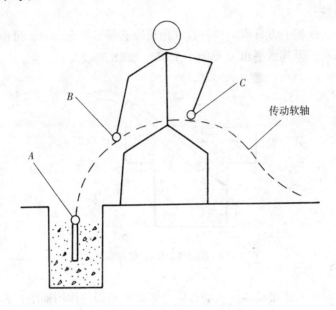

图 3-21　操作插入式振动器的方式

②软轴式振动器在操作时宜先行启动。但直联式振动器则先插入、后启动。

③操作直联式振动器时，因重量较大，宜双手同时掌握手把，同时就近操纵电源开关。

④插入时应对准工作点，勿在混凝土表面停留。振动棒推进的速度按其自然沉入，不宜用力往内推。最后的插入深度应与浇筑层厚度相匹配。也不宜将振动棒全长插入，以免振动棒与软轴连接处被粗骨料卡伤。

⑤混凝土分层浇筑，在振动上层新浇筑混凝土时，可将振动

棒伸入仍处于初凝期内的下层混凝土中约 20～50mm，以加强上下两层的结合。

⑥振动时，应上下抽动，抽动的幅度约为 100～200mm。

⑦振动棒工作时不得碰撞钢筋、预埋件和模板。严禁触动预应力筋。

⑧模板上方有横向拉杆或其他情况必须斜插振动时，可以斜插振动，但其水平角 α 不能小于 45°，如图 3-22。

图 3-22　振动棒斜插振动时的限制

⑨插入式振动器插入的方向，亦即振动器的作用轴线，先后应相互平行；如不平行，可能出现漏振，如图 3-23。

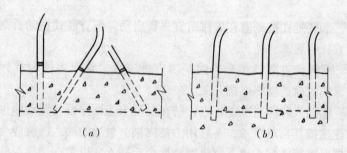

图 3-23　插入式振动棒插入方向
（a）错误方式；（b）正确方式

⑩插点的排列如图 3 - 24，（a）为行列式排列，插点的距离不能大于 $1.5R$；（b）为交错式排列，插点的距离不能大于 $1.75R$。R 为作用半径，取决于振动棒的性能和混凝土的坍落度，可在现场试验确定，或参考表 3 - 10 采用。

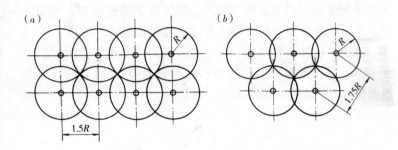

图 3 - 24　内部振动器的振点排列
（a）行列式排列；（b）交错式排列

⑪每一插点振动时间约 20s～30s，视混凝土是否振实而定。
⑫拔出振动棒的过程宜缓慢，以保证插点外围混凝土能及时填充插点留下的空隙。

插入式振动器作用半径（mm）　　　　　表 3 - 10

振动棒参数			混凝土坍落度（mm）		
直径（mm）；	频率（r/min）；	振幅（mm）	150	100	50
38；	8000；	2～3	150	120	100
60；	8000；	1.8～2.0	250	200	170
60；	12000；	0.2～1.5	500	350	220

3.外部振动器
（1）构造和作用
外部振动器的主机为电动机，其转子主轴两端带有偏心块。

85

当通电主轴旋转时，即带动电动机产生振动，也就带动安装在电动机底下的底板振动。电动机功率通常为 800～3000W，其空载激振力为 6～18kN。空载振动频率为 3000r/min。如需调整其激振力，可调整偏心块的重量或偏心矩。

安装在机下的底板，通常为 400mm × 600mm 或 500mm × 700mm 的薄钢板或木板制成船形。故又称平板振动器。如图 3－25。适用于厚度不大的混凝土基础、地坪和道路等项目。

某建筑构件厂曾用小功率电动机自制便携式平板振动器（非标准产品，自称为电熨斗式平板振动器），用于浇筑薄壁构件，效果很好。此亦平板振动器的技巧之一。

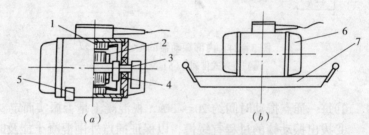

图 3－25　外部振动器
（a）振动器电动机构造；（b）平板振动器
1—定子；2—转子；3—可调偏心块；4—定量偏心块；
5—联结座；6—振动电动机；7—平板底盘

（2）选择振动器的技巧

①可按混凝土板的厚度选择所需平板振动器的功率。混凝土板较厚的所需的激振力较大；较薄的所需激振力较小。

②平板规格，可按施工面积和操作人的体力选择。

③领用时应先行试运转，试运转可在砂地或泥地试行，并检查是否绝缘良好。

（3）操作方法

①由二人面对面拉扶。顺着振动器运转的方向拖动。如逆向

拖动，则费力而工效低。

②移动平板振动器时，按工程平面形状均匀平行移动，相邻两行应互相覆盖 50mm。如图 3－26。

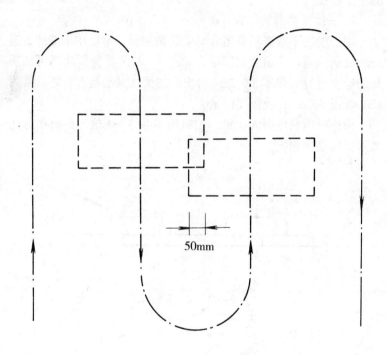

图 3－26　平板振动器移动路线示意图

③平板振动器移动时，操作工应同时观察混凝土是否达到密实的要求，达到后方可移动。

④操作时，平板振动器不得碰撞模板，故边角捣实较困难。应用小口径插入式振动器补振，或用人工顺着模板边插捣，务求边角饱满密实，棱角顺直。

3.2.4　振动器组合的技巧

随着建设规模的扩大和商品混凝土迅速发展，人力操作早已不能满足要求，小型振捣设备也显得力不从心。施工部门和操作工人在没有得到新振捣设备之前，只好在旧设备上打主意。振捣设备的组合使用，很自然地出现了。也可以说，这是混凝土施工的一个新技巧。

1. 平板振动器的组合

用一般的平板振动器组合成梁式振动器，早已用于地坪、道路和机场跑道。其组合很简单，如图3-27。此种振动器可按所需的长度自行装配成3台或4台组合的梁式振动器，板宽通常为400mm或500mm，视需要而定。

操作时也只需两人扶机，工效可提高3~4倍。其操作方法与平板振动器相同。

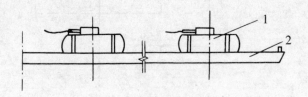

图3-27 梁式振动器
1—振动电动机（台数通常不多于4台）；
2—振动梁（长度按电动机数量而定，通常不超过3m）

2. 插入式振动器的组合

在大体积筏板基础和大体积设备基础工程上，有单排式或方阵式插入式振动器的组合，如图3-28。

插入式振动器的组合方式，不能像平板振动器组合为梁式振动器那样简单的组合。主要是软轴及振动棒不能自由悬挂在联动箱之外，影响整个组合机重心不稳定；也难于按要求准确插入工作点。其改造方法是采用一机多棒法。即采用一台功率较大的电动机，用皮带或齿轮传动至振动棒。将原有的软轴改为软联动装置。这种组合需要机修能力较强的部门专门制作，才能易于实现。

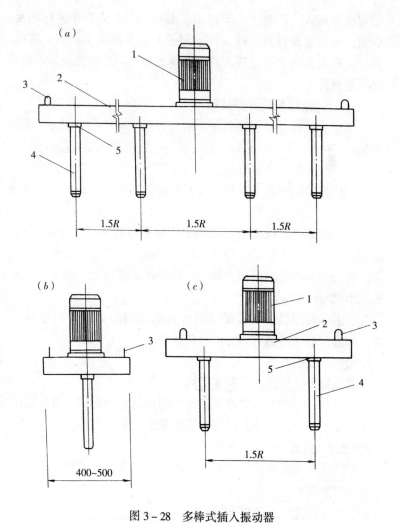

图 3-28　多棒式插入振动器

（a）单排式正面；（b）单排式侧面；（c）方阵式正、侧面

1—电动机；2—联动箱；3—吊环；4—振动棒；5—软联动节

其次，插入式振动器与梁式振动器的工作方式不同，需插入混凝土内部工作，操作时有 3 个问题要解决：①组合机重量大；

②要选点插入；③要上、下抽动。由于，用人力操作实在困难，应由人力和起重设备共同工作，即一人在工作面上扶机、指挥，另一人在起重机上按指挥人的要求操纵运行。其效果虽好，但不能大量推广。

3. 组合振动器的操作技巧

①所有的振动器或振动棒，均应为同一生产厂、同一型号的正品；

②只允许用一个总开关。

梁式振动器的开关可安装在操纵梁板的皮带上，由操作员操纵。

组合的插入式振动器亦可集中由吊车司机操纵，包括就位、起动、插入、上下抽动、缓慢拔出、停振。其缺点是由机上看振点，被振动器传动箱阻挡视线。一般应在工作面上加派1名观察员，用旗号示意。

③组合装配时，平板振动器各台电动机的旋转方向均应一致；插入式振动棒的旋转方向也应一致。

④要有漏电开关。

⑤要保持机体清洁，便于散热。

⑥组合式振动器的缺点是工作不能到达边角部位，要注意用单体机或人力操作，补充振捣，不留余患。

3.2.5 混凝土捣实的观察

用肉眼观察振捣过的混凝土，具有下列情况者，便可认为已达到沉实饱满的要求：

①模型内混凝土不再下沉；

②表面基本形成水平面；

③边角无空隙；

④表面泛浆；

⑤不再冒出气泡；

⑥模板的拼缝处，在外部可见有水迹。

3.3　结构项目的浇筑

3.3.1　浇筑工艺的基本技巧

1. 浇筑工艺的三个规律

混凝土的施工，有不同的混凝土输送的方法，有各式各样的模板，但混凝土最后的成型质量，均由浇筑工序决定。这是浇筑工的责任，也要求浇筑工充分掌握浇筑技能，提高浇筑技巧。

混凝土浇筑工艺，通常有 3 个规律，这也是前人技巧的积累。

第 1 个规律，是整体结构的规律。

混凝土现浇施工与钢或木结构有别，它不是装配联结而成，而是通过浇筑成为一个整体结构。

所谓整体结构是指混凝土施工层、段内的整体性。如框架结构房屋，每层的柱、墙、梁、楼盖、楼梯、阳台……等共同组成一个整体。对于大型建筑工程，因气温、地质等原因，设计人员以结构平面的伸缩缝、沉降逢、后浇缝等进行分段施工；又因建筑物有若干层，也作分层施工；每个段、层内的全部构件，就是一个整体。一个段层内混凝土的浇筑，应一次完成，不留施工缝。施工缝的留置将在下文介绍。

第 2 个规律，是先外后内、先远后近的规律。

先外后内，是柱、墙、梁的浇筑程序的规律。浇筑时，应先浇筑外部角位的柱和墙，再浇筑外部其他部位的柱和墙，最后才浇筑内部的柱、墙和梁。如图 3 - 29。其作用是使角柱和角墙的模板正确定位，确保建筑物的外形。如先浇筑内柱内梁，模板将吸水膨胀，使模板支架变形，使外柱、外墙向外倾斜。梁的浇筑，同样原因，也应由外向内推进。确保建筑物的外形尺寸准确。

先远后近，是楼盖、地坪或基础板块的混凝土浇筑程序的规律。是按照混凝土来料的方向，先供远，后供近。一是便于铺设运输桥板，方便送料，二是便于捣固，三是供料过多时，也便于回运，如图3-30。

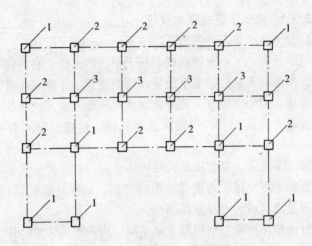

图3-29　先浇角柱、外柱的规律
（数码表示浇筑先后的次序）

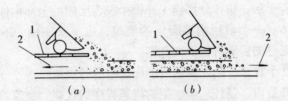

图3-30　先远后近的浇筑规律
1—运输桥板　2—混凝土浇筑的方向
（a）由远而近，正确；（b）由近而远，不正确

第3个规律，是砂浆先行的规律。

砂浆先行是指在布料入模前，先在模内铺一层与混凝土同强度同品质的砂浆，使底部有足够或富余的砂浆，以保证底部混凝土饱满、棱角方正、外表平顺。不论是人工操作或机械振捣，都

应砂浆先行。砂浆先行的操作技巧有二:

①带浆捣固法。主要是用于楼盖或地坪的浇筑。开始时,在模板侧板旁薄铺一层厚约15mm、外延约600mm、宽度同工作面的砂浆,再将混凝土布料下模。目的是使混凝土在拍打或振动时,砂浆能保持走在混凝土的前方。反复进行,可保证楼盖底部饱满、无蜂窝、露筋等缺陷。

②赶浆捣固法。这个方法主要用于混凝土梁。开始前,先在梁底铺上厚约15mm、长约600mm的砂浆作底浆。捣固人员站在梁的两侧,两人站位为一前一后。布料员布料时先布在梁的两侧,使梁的底部和角部饱满,然后再浇在梁的中部;站在前方的捣固员负责混凝土中部的振捣,边振捣边防止松散的石子向前滚动,保证砂浆先行;站在后方的捣固员,负责梁两侧的捣固,同时注意梁两侧砂浆的饱满。

上述3个规律,属于混凝土操作的基本技巧,适合各种结构参考应用。

2. 管理技巧

混凝土施工的管理,关系到施工的安全、质量和进度,除应按照3.1.2做好施工前的工作外,再提供一些具体技措如下:

①注意现场交通路桥的安全,如施工中有变异,应及时纠正。

②行走时不准踩踏钢筋,不得用竖向模板或模型支架支承桥板。

③桥板应有独立的马凳或支座作支承,更不得用钢筋骨架支承桥板。

④钢筋的保护层垫块如有位移、松动或丢失,应及时恢复原状和补充。

⑤模板内的垃圾、废纸、竹木片等应清理干净。

⑥模板拼缝应密合,如有缝隙应在浇筑前妥善封堵。

⑦浇筑过程中应有专人巡视检查模板支撑系统是否稳定,有无变动或下沉等。若有问题应及时上报技术主管,组织人力加

固。

⑧模板如有漏浆，应及时填缝补救；如严重漏浆，应按上述⑦处理。

⑨浇筑进行中，应随时抽查新进场混凝土的工作性及强度的试件留样。如工作性有变异，应及时提出，由技术主管通知供应部门纠正。

⑩建议在现场设立挂牌制度。将各工序的进度、质量、安全、应注意的问题等公布，包括：工程进度计划、模板、钢筋、预埋件等验收质量表。混凝土浇筑后，应在醒目位置标示初凝期、终凝期、养护期……等具体日期，避免人为的质量事故。

3. 工具式保护层限位器

混凝土的钢筋骨架受混凝土浇筑的冲击，有移位的可能。要保证其位置准确性，需要固定骨架的工具。

有一种工具式限位器，如图3－31（a），外观为U形，由钢筋制作，适用于滑动模板及固定模板的柱、墙、梁等竖向构件。使用时挂在侧模板上口用以固定钢筋骨架上部位置。如U形圆弧的直径过大，可以在内侧加焊垫片使其合用，非常灵活。

如图3－31（b）为角钢制品的限位器，适用于上部已安装有楼板模板的柱、墙、梁等构件。角钢一般较薄，内侧亦需加焊垫片使其厚度等于保护层厚度，每段长约50mm便可。亦可在与楼板模板接触面开一小孔，用浮钉固定。

此两种工具应于事前做好准备，并于使用前进行技术交底。

混凝土浇筑至构件上表面后，即可将工具抽出，将其空隙位补填混凝土。

3.3.2 基础的浇筑

1. 软土地基的垫层

在软土地基上设置混凝土基础，较多的做法是先进行换土，设置垫层。垫层用料，一般有3类，碎石、灰土和三合土。

碎石垫层一般在大面积基础上采用，是将设计书所指定的碎石按规格、厚度铺填在基坑上，再用压路机进行滚压。并经检验合格。

三合土垫层一般用于中小型基础，是采用石灰、砂子、碎砖或碎石，按设计书上的配合比拌和后按设计厚度浇筑压实，亦应经检验合格。

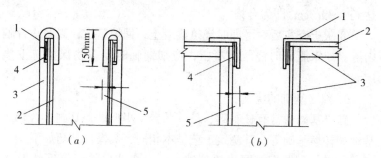

图 3 - 31　工具式保护层限位器

（a）粗钢筋限位器　　（b）角钢限位器

1—角钢（或粗钢筋）；2—模板；3—支撑（木枋或角钢）；

4—垫块；5—保护层厚度

灰土垫层一般用于要求不高的基础，可以就地取材，往往以多层做法代替三合土法。其操作技巧如下：

①所用的石灰应于使用前 1~2 天浇水闷热 24h 以上，待其粉化后，剔除未粉化的颗粒。或采用商品消化石灰粉。

②土可就地取材，但要剔除土内的有机物（草木根或落叶等），将土块打碎至粒径小于 15mm 以下。

③灰土比例为 3:7 或 2:8（体积比）

④拌合时，边拌边加水，水不宜太多。拌至颜色均匀，握之成团，两指轻捏即碎，是为合格。如水分过多，可晾干至合格后使用。如有成团，可打碎后再用。应即拌即铺入基坑。

⑤铺灰土时，应先将基坑的水排干，雨天不应施工。

⑥铺土厚度视夯土机具而定：用石夯（重 40~80kg、送夯高度 500mm）、蛙式夯土机或柴油夯土机时，每层虚铺厚度为 250

～300mm。用6～10t双轮压路机滚压时，每层虚铺厚度为200～300mm。

⑦压实质量标准可按压实系数进行鉴定，压实系数为土在施工时实际达到的干密度与室内采用试验得到的最大干密度之比，一般等于0.93～0.95便是合格。通常情况下，施工的干土密度达到1.39g/cm³即为合格。

⑧灰土夯实后，可即时浇筑混凝土，回填基坑，以防止日晒雨淋。如未能即时浇筑混凝土，应加铺临时复盖物保护灰土垫层。

2. 独立基础的浇筑

独立基础通常有柱基础、桩基承台、小型设备基础、台阶式基础和杯形基础等。其浇筑工艺基本相同，其操作技巧如下：

①对只配置钢筋网片的基础，可先浇筑保护层厚度的混凝土，再铺钢筋网片。这样可以保证底部混凝土保护层的厚度，防止地下水腐蚀钢筋网，提高耐久性。在铺完钢筋网的同时，应立即浇筑上层混凝土，并加强振捣，保证上下层混凝土紧密结合。

②当基础钢筋网片与柱钢筋相连时，应采用拉杆固定柱的钢筋，避免位移和倾斜，保证柱筋的保护层厚度。

③浇筑次序：先浇钢筋网片的底部，再浇边角；每层厚度视振捣工具而定，可参照表3-9。同时应注意各种预埋件和杯形基础或设备基础预埋螺栓模板底的标高。使便于安装模板或预埋件。

④继续浇筑时应先浇筑模板或预埋件周边的混凝土，使它们定位后再浇筑其他。

⑤如为台阶式基础，浇筑时注意阴角位的饱满，如图3-32，先在分级模板两侧将混凝土浇筑成坡状，然后再振捣至平正。

⑥如为杯形基础或有预埋螺栓模板的设备基础，为防止杯底或螺栓模板底出现空鼓，可在杯底或螺栓模板底预钻出排气孔，如图3-33。

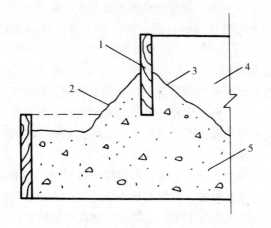

图 3 - 32 台阶式基础浇筑方法
1—模板；2—外坡；3—内坡；
4—后浇混凝土；5—已浇混凝土

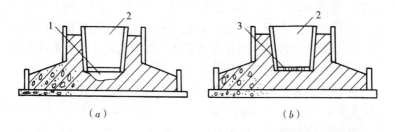

（a）　　　　　　　　　　　（b）

图 3 - 33 杯形基础的内模装置
（a）内模无排气孔；（b）内模有排气孔
1—杯底有空鼓；2—内模；3—排气孔

⑦前条所述预留模板安装固定好后，布料时应先在模板外对称布料，把模板位检查一次，方可继续在其他部位浇筑。为防止预留模板被位移、挤斜、浮起，振捣时应小心操作，见好就收，避免过振。

⑧杯口及预留孔模板在初凝后可稍为抽松，但仍应保留在原

位，避免意外坍落，待至达到拆模强度时，全部拆除。

⑨整个布料和捣固过程，仍应按上述防止离析的基本功操作。

3．条形基础

条形基础一般为墙壁等围护结构的基础，四周连通或与内部横墙相连，通常利用地槽土壁作为两侧模板。其操作程序如下：

①浇筑前认真核对，条形基础轴线、标高，必须符合图纸要求。

②基础原土如过于干燥，可稍加浇水湿润，但不应积水。

③如是原土地槽，操作人员不应站在土槽两侧操作，以防地槽泥块被踩跌入混凝土中，应站在未浇筑的地槽底部或已浇筑的混凝土面上。

④混凝土上表面标高可用插竹木扦或画线标志。达到标高后将扦子拔出。

⑤混凝土截面边长不超过 1m 时，可一次浇筑完成。如宽度高度均超过 1m 时，应分层浇筑。

⑥混凝土中有配筋时，应采取措施保证钢筋的保护层厚度。

⑦如有预埋管道，应在浇筑至其底部标高后，再安装在混凝土上，并在其两侧浇筑混凝土，固定其位置，再继续浇筑。

⑧如用小车送料，应先搭设木桥，防止泥土跌入混凝土内。

3.3.3　框架和墙体的浇筑

框架结构的浇筑，属于整体结构的浇筑，每一层段的每一个构件的每一个部位都代表整个结构的质量。因而不允许有差错，有了差错也很难补救，甚至无法补救。施工前必须慎重检查，施工中必须严守操作纪律，必须遵守上文提示的两个准则和三个规律。

本节所介绍的内容，对于一些单个柱、墙、梁、板、阳台和楼梯等等，亦可供参考。

1．竖向构件的浇筑

竖向构件主要指柱、墙、（包括贮罐、池槽、烟囱等的墙壁）。其特点是截面面积小，工作面窄，高度深。浇筑混凝土时拌合物自由降落距离高，模板密封，观察困难，拌合物容易离析，捣固后的密实情况难于掌握，操作时要小心和耐心，不能急于求成。除按上述"管理要点"做好准备和管理工作外，其浇筑的技巧应妥善掌握。

（1）准备工作

1）对混凝土坍落度的要求，可参考表 2-13 的规定。如需更具体确定，可参考下列数值：

①当竖向构件的截面最小尺寸≤300mm 时，用人工捣固则选 70~90mm；用插入式振动器捣固则选 50~70mm。

②当竖向构件的截面最小尺寸＞300mm 时，用人工捣固则选 50~70mm；用插入式振动器捣固则选 30~50mm。

2）工具或机具的准备

①人工捣固可采用 $\phi15$~$\phi20$mm 的空心钢管。但不得采用有引气作用的铝质管。

②使用插入式振动器捣固时，如构件截面最小边长≤300mm 时，振动棒直径宜小于 35mm；构件截面较大时，振动棒也不宜较大，可参照表 3-10 的作用半径选用。

③当竖向构件高度大于 3m 时，因拌合物布料高度不宜高于 2m，在浇筑下部时，可在柱中模板开洞，用转向溜槽浇灌（见图 3-34）。必须注意，转向溜槽的下口，必须垂直向下，以保证拌合物入模时避免离析。

（2）浇筑工作

①先在底部铺上 50~100mm 厚的与构件混凝土同强度、同品质的水泥砂浆层。

②用泵送或料斗投送或人工布料时，为避免混乱，每个工作点只能由一人专职布料。

③如泵送或吊斗布料的出口尺寸较大，而墙厚或柱的短边长度较小时，不可直接布料入模，避免拌合物散落在模外或冲击模具变形，可在柱或墙体的上口旁设置存料平台，先将拌合物卸在

平台的拌板上，再用人工布料。

④如有条件直接由布料杆或吊斗卸料入模时，应注意两点，一是拌合物不可直接冲击模型，避免模型变形；二是卸料时不可集中一点，造成离析，应移动式布料，如图 3-35。

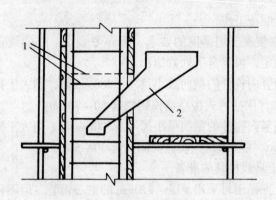

图 3-34　转向溜槽

1—钢箍，虚线表示钢箍暂时上移，浇筑到位后再复位；

2—转向溜槽

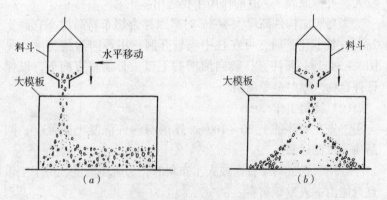

图 3-35　料斗移动对混凝土浇筑质量的影响

（a）正确，料斗沿大模板移动混凝土均匀；

（b）错误，固定一点浇筑混凝土，产生离析

⑤布料时每层浇灌厚度可参照表3-9的要求。必须说明的是，插入式振动器振动棒长度一般为300mm左右，但其实际工作作用部分不超过250mm；另外，由于保护振动棒与软轴接合处的耐用性，在使用时插入混凝土的长度不应超过振动棒长度的3/4。对用软轴式振动器的混凝土浇灌厚度，每层可定为300mm。

⑥捣固工作由2人负责，1人用振动器或用手工具对中心部位进行捣固，另1人则用刀式插棒（见图3-36）对构件外周进行捣固，以保证周边的饱满平正。

⑦使用软轴式振动器宜选用软轴较长的。操作时应在振动棒就位后方可通电。避免振动棒打乱钢筋或预埋件。

⑧振动棒宜由上口垂直伸入，易于控制。

⑨在墙角、墙垛、悬臂构件支座、柱帽等结构节点的钢筋密集处，可用小口径振动棒或人工捣固，保证密实。

⑩在浇筑大截面柱和较厚墙体时，如模板安装较为牢固，可在模板外悬挂轻型外部振动器振捣。

⑪在浇筑竖向构件时，在模板外面应派专人观察模板的稳定性，也可用木锤轻轻敲打模板，使外表面砂浆饱满。

⑫同一层的剪力墙、筒体墙、与柱连接的墙体，均属一个层段的整体结构，其浇筑方法与进度应同步进行。

⑬竖向构件混凝土浇筑成型后，粗骨料下沉，有浮浆缓慢上浮，在柱、墙上表面将出现浮浆层，待其静停2h后，应派人将浮浆清出，方可继续浇筑新混凝土。

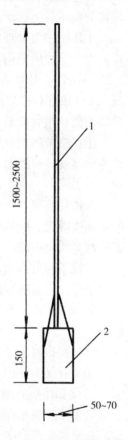

图3-36　专用刀式插棒
1—φ16mm空心钢管；
2—δ=1.5~2.5mm薄钢板

⑭柱、墙有预埋件、门窗框等装置时，请参照"3.3.5　5. 预埋件"的浇筑方法进行处理。

（3）竖向构件浇筑的技巧实例

本实例工程是深圳市邮局住宅工程，楼高 29 层，被评为 1996 年广东省优质样板工程，1997 年获鲁班奖。这里将其竖向构件的浇筑技巧摘录如下：

主体结构为全现浇混凝土框支剪力墙中筒结构体系。10 层以上为全剪力墙结构。

混凝土采用泵送。框架柱采用 18mm 厚的七夹板、木方支设、φ14 螺杆对拉的模板。剪力墙用大模板、φ14 螺杆对拉，电梯井用筒体组合模板。其混凝土施工中主要采取以下措施：

①严格按照配合比下料，准确控制用水量和搅拌时间，经常检测坍落度，搅拌台及计量台设岗位责任人，设专人控制配料用量。

②柱和墙混凝土浇筑前，先在柱和墙根部浇筑 30～50mm 厚的同强度等级、同品质的水泥砂浆，防止柱和墙出现烂根、麻面或蜂窝等质量事故。

③柱子和剪力墙浇筑时，先在柱顶和墙的上口旁搭设移动性下料平台，使泵送混凝土先卸在平台上，再用人工用铁铲将混凝土浇入模内，防止泵料碰撞模板、钢筋或模板使之变形、移位、倾斜。

④分层布料，分层捣固，防止漏振和过振漏浆。

⑤及时保湿养护。

2. 梁和楼板的浇筑

梁和楼板是水平构件，主要是受弯结构。浇筑工艺要求较高。其架构形式如图 3－37。各种荷载先由楼板 1 传递至次梁 2，再传递至主梁 3，再传递至柱 4，是由上而下传递的。但混凝土浇筑程序则由下而上，同时要在下部结构浇筑后体积有一定的稳定后才可逐步向上浇筑。

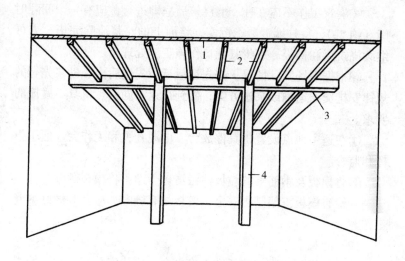

图 3 – 37 柱、梁、楼板结构组合图

1—楼板；2—次梁；3—主梁；4—柱子

（1）准备工作

①先做好浇筑面标高的标志。有侧模板的梁或板可在侧板上
用红色油漆做标记。在楼板的中部可用移动式木橛头（见图 3 –
38（a））或用角钢制作标高尺（见图 3 – 38（b））；比较理想的
是按图 3 – 45 的技巧实例用预焊钢筋做标高控制。

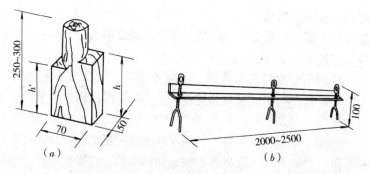

图 3 – 38 楼板标高尺

（a）木橛头；（b）角钢平尺

②浇筑工作不应在柱、墙浇筑后立即进行，应有一个间隙时间（约2h），待柱墙混凝土沉实，将面上的浮浆清除完毕，方可继续浇筑梁和楼板。或将其茬口作施工缝处理。

③根据现场实际情况，按先远后近、先边后内、砂浆先行的规律安排交通运输或泵送方案，做到往返不同路、机具不碰撞的要求。

④在适中地点设置机具停放台、电源开关和工作台，便于指挥和监督。

⑤将模板及钢筋上的垃圾油污清理干净，将模板洒湿。

⑥检查模板支架是否安全，模板如有缝隙，应及时做好填缝工作。

(2) 浇筑工艺

①施工场所如未有路桥和工作平台，应待安装好后才开始工作。工作中严禁踩踏钢筋，要保护好楼板的上层钢筋。

②为保证工程的整体性，楼板、主梁和次梁应同时浇筑。只有在梁高大于800mm或混凝土量过多时，可先浇筑主、次梁，但间隔时间不能大于表3-8的规定。

③应保证钢筋网和钢筋骨架保护层垫块的数量和完好性。不允许采用先布料后提钢筋网的办法代替留置保护层的做法。

④如用人工布料和捣固时，可先用赶浆捣固法浇筑梁，再用带浆捣固法浇筑楼板（见3.3.1中的砂浆先行的规律。）并应分层浇筑，第一层浇至一定距离后再回头浇筑第二层，成阶梯状前进。如图3-39。

⑤用小车或料斗布料时，混凝土宜卸在主梁或少筋的楼板上，不应卸在边角或有负筋的楼板上。避免因卸料或摊平料堆而致使钢筋位移。

⑥用小车或料斗布料时，因在运输途中振动，拌合物可能骨料下沉、砂浆上浮；或搅拌运输车卸料不均，均可能使拌合物造成"这车浆多、那车浆少"的现象。此时，操作员应注意调节，卸料时不应叠高，而是用一车压半车，或一斗压半斗，如图3-

40，做到卸料均匀。

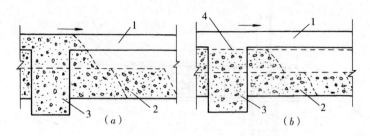

图 3－39　梁的分层浇筑
（a）主梁高小于 1m 的梁；（b）主梁高大于 1m 的梁
1—楼板；2—次梁；3—主梁；4—施工缝

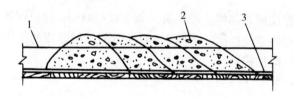

图 3－40　小车下料一车压半车法
1—楼板厚度线；2—混凝土；3—钢筋网

⑦堆放的拌合物，可先用插入式振动器按图 3－18 的方法将之摊平。再用平板振动器或人工进行捣固。

⑧用平板振动器振捣楼板，要注意：电动机功率不宜过大；平板尺寸应稍大；要有专人检查模板支撑系统的安全性。

⑨用平板振动器振捣楼板，适宜于来料较频、楼板面积较大、模板支撑系统较牢固等条件下使用。

⑩平板振动器的操作，请参照 3.2.3　3. 的要求操作。

⑪如用人工捣固，请参阅 3.2.3　1. 人工捣固的操作技巧。

⑫梁柱交接部位或梁的端部是钢筋密集区，其浇筑操作较困难，通常采用下列技巧：

在钢筋稀疏的部位，用振动棒斜插振捣，如图3－41。

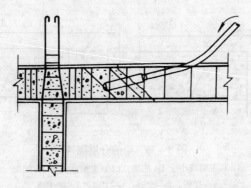

图3－41　插入式振动器在钢筋密集处斜插振捣

在振动棒端部焊上厚8mm、长200～300mm的扁钢片，做成剑式振动棒进行振捣。如图3－42。但剑式振动棒的作用半径较小，振点应加密。

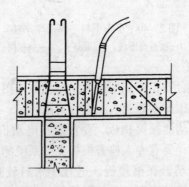

图3－42　剑式插入式振动器作业

在模板外部用木锤轻轻敲打。

⑬反梁的浇筑：反梁的模板通常是采用悬空支撑，用钢筋将

反梁的侧模板支离在楼板面上。如浇筑混凝土时将反梁与楼板同时浇筑，因反梁的混凝土仍处在塑性状态，将向下流淌，形成断脖子现象，如图 3 – 43（a）。正确的方法是浇筑楼板时，先浇筑反梁下的混凝土楼板，并将其表面保留凹凸不平，如图 3 – 43（b）。待楼板混凝土至初凝，约在出搅拌机后 40～60min（但不得超过表 3 – 8 的规定），再继续按分层布料、捣固的方法浇筑反梁混凝土，捣固时插入式振动棒应伸入楼板混凝土 30～50mm，使前后混凝土紧密凝结成为一体。如图 3 – 43（c）。

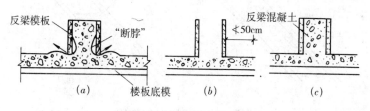

图 3 – 43　反梁浇筑次序

（a）板梁同时浇筑，形成断脖子；（b）先浇筑楼板；（c）后浇筑反梁

⑭斜梁、斜向构件和斜向层面的浇筑：可根据构件的斜度和工作量采用下述技巧：

一般小构件或板厚不超过 100mm 的，采用人工布料和捣固时，混凝土的坍落度宜不大于 50mm，可以不必覆盖上部模板，但必须注意保湿养护。

当工作量较大，且混凝土坍落度又大于 50mm 时，其操作技巧可参照图 3 – 44（a），边布料、边捣固、边铺装上模板。则可保质量。若按图 3 – 44（b）浇筑后不及时铺装上模板，混凝土则可能向下滑流。

如先行铺装上模板、后浇筑混凝土，因掌握不到模内情况，可能会出现空腔或裂缝，如图 3 – 44（c）、（d）所示。

（3）楼板浇筑的技巧实例

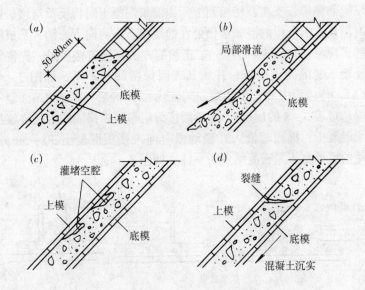

图 3 - 44 斜向构件的浇筑

(a) 边布料、边捣固、边铺上模；(b) 不铺上模板，
则会流淌；(c) 先铺上模出现空腔；(d) 先铺上模出现裂缝

本工程是广州市万宝空调器厂的厂房，二楼楼层面积为6800m²。施工方向从两侧轴线开始，向中部合拢。

浇筑前先复核楼板的水平，淋湿模板，架设运输道路，路面比待浇筑的混凝土面标高高200mm。为控制混凝土的厚度，每隔3m在楼板钢筋网的保护层垫块位的钢筋上焊1根 ϕ10 的竖向短钢筋，涂上红油，用水平仪扫测一次，不足高的加焊短筋，超高的用焊机将超长部分割除，使其上端正好是混凝土楼面的标高水平，形成了水平网点。如图 3 - 45。

用小车运料卸车时，卸在主梁或无上层负筋的地方。以减少拌合物对钢筋的冲击。然后用铁耙向四周铺平。再用平板振动器振实。首次振捣行走方向，应与混凝土浇灌方向相垂直。因面积较大，需振捣两次，后一次行走路线与前一次路线相垂直。

因面积较大，需考虑留设施工缝。因浇筑是从两侧开始沿着次梁方向浇筑的，故施工缝按规定留在次梁跨中 1/3 的范围内。

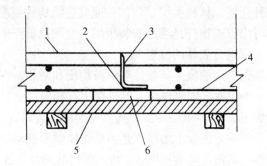

图 3 – 45 楼板水平标高控制图

1—混凝土面；2—单面烧焊（焊缝长 5d）；3—ϕ10mm 钢筋；

4—楼板主筋；5—模板；6—垫块

3.3.4 拱壳结构的浇筑

拱壳结构是指拱形构件和壳体构件。由于用料较省和自重较轻，多为大跨度屋顶或各种贮罐所采用。其形状均为对称的曲面体。通常有 3 种类型、6 种构造。如图 3 – 46。

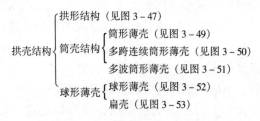

图 3 – 46 拱壳结构的分类

拱壳结构的内应力呈多向性。其对外形尺寸和壳体厚度的准确性、混凝土强度的一致性、施工负荷的均匀性等都比其他结构要求高。如因施工负荷不匀称，使模板稍有位移，或使支撑受力不均衡，将会引发施工事故或使工程成品变形，无法投入使用。

因此，拱壳工程的施工有下述要点：

（1）拱壳结构的荷载是由边缘构件及拉杆传递的。施工时，无论是何种壳体、何种类型，应该先完成边缘构件混凝土的浇筑工作，同时应检查拉杆是否已安装牢固，且均已处于能进行工作的状态，方可进行壳体的浇筑。

（2）拱壳结构的施工荷载，应保持均衡和对称。在作业时应由2个或4个作业组同时浇筑，其进度也互相对应，其部位也互相对称。如图3-47~图3-52，其浇筑次序以数码表示。

（3）某些拱壳混凝土的厚度是因拱壳体型而变动的，必须重视其准确性，其做法可参照图3-45，在钢筋网片上加焊厚度短筋，作为浇筑的根据。

（4）在抹面时，可按照设计的弧线制作钢或木板的专用弧形尺使用。

1.长条形拱

长条形拱多用作桥梁或桁架。小跨度多用作无筋混凝土小桥、小仓库的屋面，大跨度则用作大型钢筋混凝土桥梁或房屋的桁架。

（1）浇筑顺序

长条形拱的浇筑顺序因跨度大小而不同。一般跨度小于15m时可由两端支点同时开始浇筑，两端进度应保持一致，最后在拱顶合拢。不应留施工缝。如桥面较宽，可两端各安排同组数的作业组，以保证进度一致。布料时要坚持砂浆先行、防止离析。如使用振动器，也应两端同时开始，同时结束。

对跨度大于15m的厚大长条拱，应分块浇筑，其浇筑部位也应对称。其浇筑次序如图3-47。

（2）操作要点

①浇筑前用墨线在模板上将拱划分为若干个尺寸相等的纵向条。以拱顶中线为中心线对称排列。

②纵向条之间留置间隔缝，间隔缝可用板或充气胶囊作模板。间隔缝应垂直于拱模的弧形面，其宽度按设计图，但不宜小

于粗骨料最大粒径的 2 倍。

③间隔缝的模板经检查无误后可开始浇筑纵向条。其浇筑顺序如图 3 – 47。

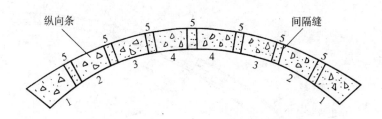

图 3 – 47　长条形拱浇筑顺序
（1、2、3、4、5 指浇筑顺序）

④各纵向条混凝土达到设计强度的 50% 后，方可填筑间隔缝。

⑤填筑间隔缝的混凝土为与纵向条所用的水泥同强度、同品质的细石混凝土。

（3）长条形拱施工技巧实例

本工程是清华大学综合体育中心的屋面工程之一。檐高 15m，设两道间距为 18m 的长条形封闭式箱形变截面钢筋混凝土拱，拱跨为 110.16m，拱顶高 29m，拱顶断面高 1.8m，拱脚断面高 4.5m，箱形结构壁厚 250mm，是国内建筑跨度最大的清水混凝土工程。

本工程的施工组织设计采用了"六对称"均衡施工法。六对称是：①双拱对称施工；②每拱施工支撑架对称搭设，拆除时也对称拆除；③模板对称安装和对称拆除；④混凝土浇筑，同时从两拱脚开始向顶部对称施工；⑤桁架对称施工；⑥桁架混凝土浇筑从两端向中心对称施工。其施工流水段如图 3 – 48。

主要之处是在施工过程中用工序对称来保证结构施工中受力对称。施工时如稍有不慎，就会出现支撑架偏位。纵使支撑架能及时返工补救，但如果混凝土浇筑中因不对称施工而造成拱轴线偏位，将造成永久性缺陷，甚至是技术上的失败。

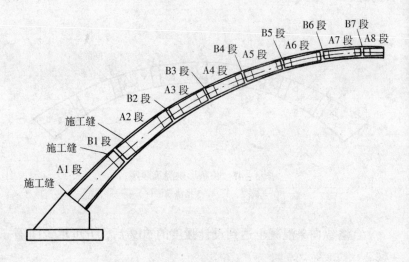

图 3－48　施工流水段划分示意

封拱施工对技术、环境温度和施工方法的协调性，都有严格的要求。该工程封拱的施工时间安排在晚上 8 时至 9 时，其措施是先行将整个拱体淋湿，待拱体温度降至最低时，即进行浇筑封拱混凝土。

2. 筒形薄壳

筒形薄壳有 3 种组合形式，其浇筑顺序分述如下：

（1）单跨筒形薄壳

这是筒形薄壳的基本型式。如图 3－49。其浇筑程序可分为 2 种，2 种程序都必须先浇筑边缘构件。程序 1 如图 3－49（a）所示，由 2 个作业组共同浇筑，沿纵向由底部逐步向筒顶靠拢。程序 2 如图 3－49（b）所示，由 4 个作业组共同浇筑，在完成纵横边缘构件后，从 4 个角开始浇筑，逐步向中央靠拢。

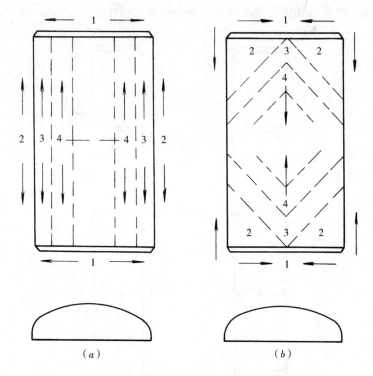

图 3 – 49　筒形薄壳浇筑顺序（图中数字表示浇筑顺序）

（2）多跨连续筒形薄壳

是由若干个单跨筒形薄壳纵向连续组合而成。浇筑时，按单跨薄壳浇筑法逐个浇筑。但各个单跨薄壳的浇筑次序有 2 种安排，如图 3 – 50（a），从中部开始浇筑，向两端展开。（b）是先从两端开始浇筑，在中部合拢。采用何种安排，视现场混凝土供应路线决定。

（3）多波筒形薄壳

是由若干个单跨筒形薄壳横向组合而成，如图 3 – 51。其单个薄壳的浇筑方法同上述（1），组合后的浇筑次序也有 2 种安排。左图横向浇筑，先浇筑中间单跨，再同时向两侧浇筑，右图是纵向浇筑，先同时浇筑两端，逐步向中间合拢。采用何种方法，可视现场供应情况而定。但必须对称进行。

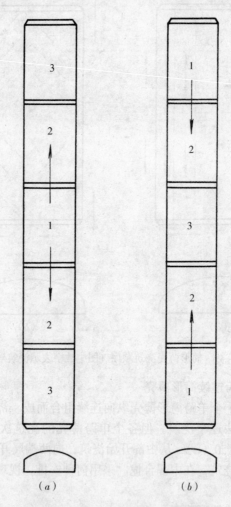

图 3 - 50　多跨连续筒形薄壳浇筑顺序

3. 球形薄壳

（1）操作顺序

球形薄壳的荷载均由圆周边缘构件支承。浇筑时应严格遵守先边缘构件，待边缘构件有一定强度后再行浇筑壳体的原则。

施工时，按壳体的工程量分成 2 个或 4 个作业组，对称浇筑，各负责 1/2 或 1/4 圆圈。按图 3 – 52 的浇筑顺序，由外周向中心逐圈浇筑。每圈布料量（即每圈的宽度）视混凝土来料进度和操作人数而定。每圈宽度应相同。

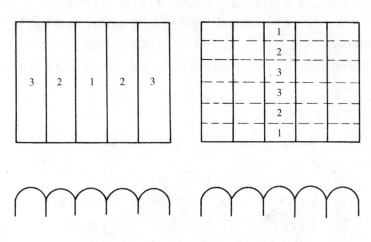

图 3 – 51　多波筒形薄壳浇筑顺序

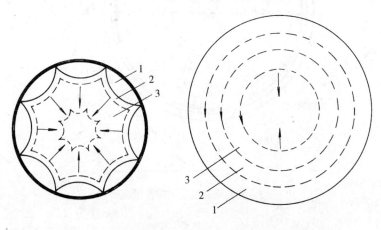

图 3 – 52　球形薄壳浇筑顺序（图中数字表示顺序）

浇筑方向，可按顺时针或逆时针方向前进，但2组或4组必须对称，布料及捣固进度应同时对称进行，用同一型号的机具，采用同一种浇筑方法。各个作业组的进度应相同，不能个别冒进，不得参差不齐。确实保证施工荷载的均衡性，逐步推进至壳顶同时汇合。

（2）圆锥形屋面施工技巧实例

本工程为太平洋地区提尼安岛上的天宁酒店，建筑总面积为81000m²，为现浇钢筋混凝土结构。本实例是该酒店大堂中心的圆锥形屋面结构。其屋面结构如图3-53；其模板支撑系统如图3-54。

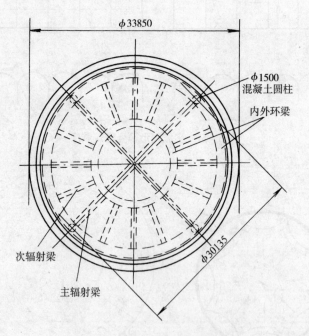

图3-53　钢筋混凝土圆锥屋面示意

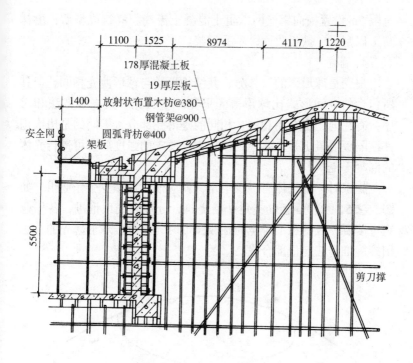

图 3–54 模板支撑系统示意

该结构由 2 道 1525mm × 1525mm 及 1525mm × 915mm 的环形梁及 4 根 1525mm × 1220mm 及 12 根 915mm × 915mm 的辐射梁组成。屋面板厚 178mm。混凝土强度等级为 C28。

屋面施工混凝土用泵送。屋面环梁及辐射梁混凝土坍落度为 100～120mm。在完成环梁及辐射梁后浇筑屋面板，为减少混凝土流淌，采取 2 项措施，①将混凝土坍落度改为 30～50mm；②因坍落度小不易泵送，将混凝土配合比的砂率提高为 48%，将粗骨料粒径改小为 5～20mm，提高了可泵性。

浇筑屋面板时，从下向上递进，浇灌宽度，下部为 1.5m，依次递增为 2.0、2.5、3.0m，分圈进行。为保证板厚，按板面由上至下拉线，将标高筋焊在环向筋上作支架控制。在辐射梁上每隔 2m 设置横向钢丝网以阻止混凝土流淌。浇筑成型后，由抹灰工以刮尺、铁板收面，不另加浆。

4. 扁壳

扁壳是球形壳的一部分，其结构性质与球形薄壳相同，但其所包含的空间形式比球形薄壳更宽广。因此，其浇筑方法和次序，有相同，也有不相同。相同的是薄壳部分，不同的是边缘构件横隔板混凝土强度要达到设计文件要求的强度后方可进行壳体的混凝土浇筑。

施工时，扁壳体有多少个角，就应该设置多少个作业组。如图 3 - 55，从横隔板的夹角开始浇筑，分别向壳顶推进，各作业组进度要一致。在汇合至壳顶成圆形时，可改按球形薄壳的方法用螺旋推进法向顶部合拢。

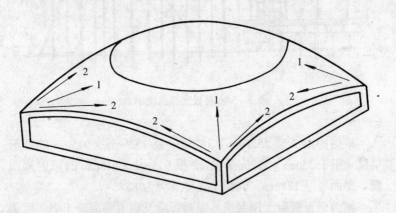

图 3 - 55　扁壳浇筑顺序（图中数字表示顺序）

3.3.5　其他构造

1. 楼梯

楼梯是由上、下两个楼层的梯梁支承的斜向构件。其特征是外形复杂、模板多样、预埋件多、操作位置狭窄，是一项耗工量多而工作量小的结构项目。浇筑混凝土时应多加注意：

118

①浇筑工作是在上层的梁和板完成后开始，其所需的拌合物由上层传来，但浇筑方向是由下向上。

②由于工作场地狭窄，只能由手工操作。

③送料方法一般是由吊机料斗或由小车送来。再转入小铁桶下送。

④捣固也多用手工捣插。如用小型插入式振动器，只能斜插短振，避免流淌。此时应注意踢板与踏板间的阴阳角必须饱满，如有某处缺损，将来补填很难。

⑤踏板面标高要求准确，表面要平。

⑥预埋件通常有栏杆预埋螺栓、防滑条螺栓，要求较高的有地毡环、照明线盒和装饰线板等。这些预埋件位置要求准确，宜与钢筋焊接定位。振捣时应注意定位。

⑦楼梯工作量不多，不应留施工缝。

⑧注意保湿养护，养护期间加铺木板或厚麻袋片以保护踏板的完好性。竖向踢板的模板可推迟至做抹面工作时再拆模。

⑨养护期间，不宜用来做搬运材料的通道。

⑩混凝土强度达到设计强度的 70% 以上方可拆模。拆模后仍保留用麻袋片复盖，避免损伤踏板。

2. 悬臂构件

悬臂构件有阳台、雨篷、屋檐、天沟等等。可分为板式和梁式 2 种，简称为悬臂板或悬臂梁。其结构特征有两点：一是在支点后面必须有平衡构件，如图 3 - 56，平衡构件大多为楼层的梁、圈梁或板等，必须连成为一个整体。因而在浇筑楼层的梁或板时，往往也同时浇筑悬臂构件。二是钢筋的配置，悬臂构件的受力钢筋都配置在上部。因此在施工时绝不能将上部的主力筋踩低或损坏。否则，悬臂构件将因抗拉强度不足而致破坏。悬臂构件的结构配筋图如图 3 - 56。悬臂构件的浇筑工艺如下：

①模板的支撑必须牢固。

②为防止浇筑时踩乱钢筋，不允许站在模板上操作，如有必要，可在模板上加设马凳，再铺上板子后操作。

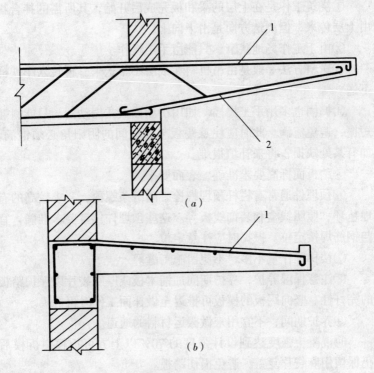

图 3-56 悬挑构件配筋示意图
(a) 悬臂梁;(b) 雨篷
1—受拉筋;2—架立筋

③浇筑顺序:先平衡构件,再支点、后悬臂,即是先内后外。应充分振捣密实。

④浇筑完毕后,应加强覆盖养护,同时用围栏隔离与外界的交通往来,更不允许作为运输材料的通道或停放场。

⑤注意悬臂构件应向外排水,排水坡应在浇筑时已形成雏形,拆模后再做好抹面层。

⑥拆模时间:悬臂跨度在 2m 以下、混凝土强度达到设计强度的 70% 以上时或悬臂跨度在 2m 以上、混凝土强度达到设计强度的 100% 时,才允许拆模。

⑦拆模以后，悬臂构件不得作为停放材料或机具之用。

3. 地坪

混凝土地坪，看似简单，但也不简单。尤其是要求有某种曲度的地坪，或要求耐磨的地坪，或要求镶嵌某些图案的地坪，就应采取相应的措施。本节只就普通混凝土民用与工业建筑的地坪介绍如下：

（1）基层的处理

①地坪的基层有如建筑物的基础，将直接影响地坪的质量和耐久性。浇筑前应对原土质量进行检查，如需处理，可参照"3.3.2 1."进行处理。

②如地坪直接浇筑在原土上，应对其洼坑、浮土进行强化处理；或将浮土清除，方可浇筑混凝土。

（2）预埋管线

预埋管线可按 3.3.5 5. 的方法埋设固定。如无可依附的固定物，可在预埋地点先行浇筑少量混凝土使预埋件固定，在浇筑地坪时再行浇筑固定。

（3）控制地坪标高

①室内小地坪，可将标高水平线用墨线弹在墙上。

②中等面积的地坪，可用灰浆做成小灰浆块、俗称灰饼，其间距纵横各为 2m 或 3m，灰饼面高即为地坪面。或简化为插竹扦或木扦。这些灰饼或竹扦的标高，必须用水平仪检测确认，在混凝土浇筑至达到标高时，应随手将之撤除。

③亦可采用图 3－38 的活动角钢尺，浇筑时以角钢底部为地坪面标高，亦须经水平仪复测。其优点是控制标高易，准备工作少，使用灵活。其缺点是可调螺丝常因保管不善而锈蚀变形。

④如人员配备有可能时，可将水平仪固定安置，由测量员全程监控，任何工作点都能及时测定。

⑤如有条件，可用自动旋转激光扫平仪监控，有效半径可达100m，任何操作人员欲检查某测点时，只将标准高程尺竖立后，用激光扫测，便可得知结果。

（4）浇筑、抹平

①较大地坪如设计有伸缩缝时，可用预制的厚度为 10～15mm 的沥青砂浆板作分格，浇筑混凝土后不用拆除，如用木板作分格，应在混凝土终凝前将木板抽出，再回填沥青砂浆。

②车间内地坪，应在设备基础、地下管线、地沟等完成后，方可浇筑。在设备基础四周，应留置沉降缝。

③浇筑时，应按先远后近的规律送浆。

④送浆设备有泵送、皮带机、溜槽、料斗或小车等等，应注意防止离析和控制标高。布料宁可先少后加，避免先多后减。

⑤经振捣符合标高后，可用长刮尺作扇面形来回粗抹，再用压面滚筒（见图 3－57）滚压至合格。而后用水平仪检查标高。

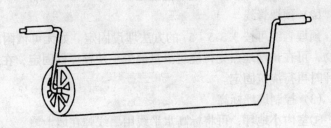

图 3－57　压面滚筒

⑥浇筑好的地坪应注意保护，不宜暴晒，不宜受大风吹。待至终凝结束后方可浇水养护。

（5）浇筑地坪的技巧实例

广东中山市某大型变压器厂对原厂房旧地面进行改造，新做地面混凝土强度等级为 C40，采用随打随抹一次压光工艺，地面平整度要求小于 2mm/2m（超过国家规范），混凝土采用泵送工艺。工艺流程为：

安装钢导轨→浇灌混凝土→振捣混凝土→滚筒滚平→泌水排除→圆盘打磨机打磨→滚筒滚平→铝合金尺刮平→人工抹平→拆导轨→补水泥砂浆→铝合金尺刮平→抛光机抛光→人工收光→养

护。

主要施工工艺如下：

①导轨：选用 50mm × 20mm 槽钢或 50mm × 25mm 方管钢制作，导轨与导轨之间间距应根据浇筑混凝土宽度确定，一般宜小于 4m；导轨用带 ϕ12mm 螺杆的三角架固定，三角架间距宜小于 1m；导轨面水平用水准仪测量，高度用 ϕ12mm 螺杆上的两个螺母来调整。每隔一段时间核验一次。导轨应在混凝土终凝前拆除，所留空隙用原浆填平。

②混凝土浇灌及振捣　混凝土应平行于导轨浇筑，先浇筑梁，后浇筑板，不能过度振捣。

③滚筒滚平　滚筒选用 ϕ150mm 钢管制作，沿导轨来回滚动，起初步整平作用。

④圆盘机打磨　在混凝土初凝时，用圆盘机打磨混凝土，使表面再度出浆

⑤铝合金尺刮平　铝合金尺长 4 ~ 6m，应有足够的刚度；在圆盘机打磨混凝土表面出浆后，以槽钢为导轨、沿任意方向旋转刮平。导轨拆除后，再用铝合金尺刮平。

⑥抹平、收光、养护　在首次铝合金尺刮平后，用铁抹子将混凝土表面刮痕抹平。在第二次铝合金尺刮平后，用抛光机打磨抛光，再用铁抹子抹压、收光混凝土表面。

4. 预留缝

混凝土结构的预留缝有伸缩缝、沉降缝和后浇缝等。其中，后浇缝将留在下一章大体积混凝土时介绍。

(1) 伸缩缝

伸缩缝亦称温度缝。在长度较大的建筑物或构筑物中，设置在基础以上的垂直构造缝。它将建筑物分割成段，使能适应建筑物因温度变化产生水平方向伸缩，避免产生裂缝。分段的长度按设计要求一般为 60 ~ 150m，缝宽为 20 ~ 30mm。

施工处理是将两段结构严格分开，其缝隙按设计说明用弹性的、憎水性的材料嵌填入缝中。各层缝的面上用能适应变形和防

水的橡胶条或薄钢板盖上。

（2）沉降缝

沉降缝是将建筑物或构筑物从基础到顶部完全分离的永久性垂直构造缝。其位置的设置由结构设计图确定。通常是设置在基础形式、埋置深度、建筑高度、荷载和结构形式等有明显变异的部位，或在新旧两建筑相交接的部位。其作用是避免不均匀沉降所造成建筑物的错动开裂。其缝宽通常约在 30~80mm 之间。

其施工处理方法同上述伸缩缝。

（3）施工缝

1）施工缝的性质

伸缩缝和沉降缝是结构设计确定的缝，是开口的、分离的缝。施工缝是施工过程中因作业需要而临时留置的、是新旧混凝土相互搭接的闭合的缝。

施工缝的出现是由于工序搭接不得已而为之的。施工缝处的混凝土浇筑时间有前后，凝结期不同，施工关键是新旧混凝土的搭接良好，以保证结构的整体性。

2）施工缝的位置

施工缝的位置应留置在构件剪应力较小的部位。通常留置在如图3-58所示的部位上。

①梁，原则上不留置垂直施工缝。其水平施工缝可按图3-58（a）处理，留在楼板底下 20~30mm 处。

②一般柱、墙的水平缝，可留在基础面或梁底 20~30mm 处，如图 3-58（a）。

③无梁楼盖的水平施工缝，可留在基础面或柱帽底 20~30mm 处，如图 3-58（b）。

④工业厂房柱的水平缝，可留在基础面、牛腿下或吊车梁上表面处，如图 3-58（c）。

⑤门式框架的水平缝，可留在基础面或框、柱交接处的框端，如图 3-58（d）。

⑥框架结构的水平缝，可留在基础面、梁底或梁面，如图

3 - 58（e）。

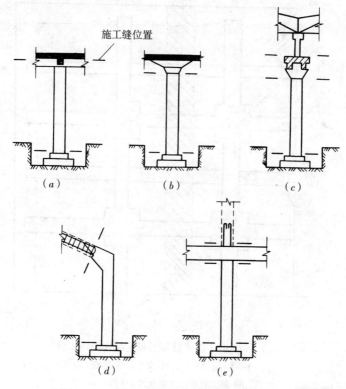

图 3 - 58　工业与民用建筑混凝土结构施工缝位置图
（a）梁、板、柱体系；（b）无梁楼盖；（c）厂房柱
（d）门式框架；（e）梁柱框架

⑦楼盖工程量不大，一般不需留置施工缝。如必须留置时，可参照下列规定：

单向受力板，可留置在平行于板的短边的任何位置上；

双向受力板，应由设计部门决定；

有主次梁的板，应顺着次梁方向浇筑，在次梁方向中间 1/3 跨长范围内留置，如图 3 - 59。

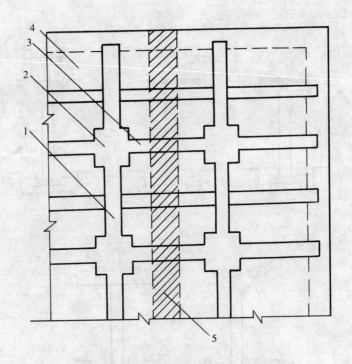

图 3 - 59　有主次梁楼板混凝土结构的施工缝

1—主梁；2—柱；3—次梁；4—楼板；

5—施工缝部位（宽度约 1/3 跨长）

⑧拱壳结构的施工缝：

筒形薄壳，可按图 3 - 48 浇筑次序操作，将施工缝留成如图 3 - 60（a）的长鼓形；

球形薄壳和扁壳，可留成以壳顶为圆心的圆形，如图 3 - 60（b）、（c）；

各种壳体圆形贮罐，可在罐体任意高度留置水平施工缝，如图 3 - 60（d）。

3）施工缝的浇筑工艺要点

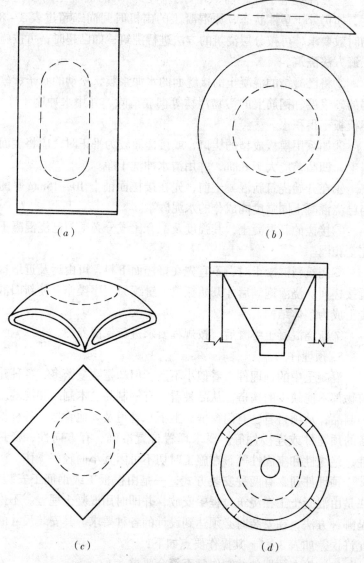

图 3-60 各种混凝土拱壳结构的施工缝

(a) 筒形薄壳；(b) 球形薄壳；(c) 扁壳；(d) 圆形贮罐

注：虚线为施工缝。

①在浇筑施工缝之前，先行了解已浇筑的混凝土的硬化程度，如仍处于塑性状态，原混凝土的出机时间尚未超过表3-8的时效要求，可按分层浇筑的方法进行浇筑；如已超时，可按施工缝方法浇筑。

②将已凝结的混凝土的接缝面的水泥浆膜、松动的石子、软弱的砂浆层、钢筋上的污物浮锈等彻底清除，并用水冲刷干净。但模板不得积水。

③如系用模板成型的槎口，或接槎面较为平正时，应将表面凿毛，凹凸差应大于6mm，并用清水冲洗干净。

④在开始浇筑新混凝土前，先在接槎面铺上10~15mm厚的与已浇混凝土同强度同成分的水泥砂浆。

⑤接槎的新混凝土，其强度及配合比成分必须与已浇混凝土完全相同。

⑥浇筑新混凝土时，不宜先在接槎面下料，可由远及近地接近接槎面。浇灌饱满后才开始振捣，继续原程序操作。使新旧混凝土成为整体结构。

⑦新浇混凝土终凝后，按规程要求进行保湿养护。

5. 预埋件

混凝土中的预埋件，看似小不点，但却是数量繁多、各种建筑物都不能缺少的构造。从品种看，有钢制品、木制品和混凝土预制品；从项目看，有门窗框、上下水管道及其他管道、各种设备的预埋件或连接件等。要求埋置位置准确、有方向性、密封性、绝缘性和牢固性等，在施工时切不可因其小而轻率操作。

预埋件通常有两种安装方式，一是由模板工或钢筋工安装；二是由混凝土工在浇筑过程中安放，并即时用混凝土埋置。不论是哪种方法，在安装时必须达到设计的各种要求。其安装尺寸的允许误差如表3-1。其操作要点如下：

(1) 检查预埋件的制作是否符合要求：

①在混凝土表面平埋的钢板，其短边的长度大于200mm时，应在中部加开排气孔，如图3-61。

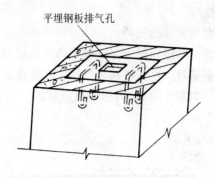

图 3 – 61　平埋钢板留排气孔示意

②当预埋件为木制品时，应选用干透木材，如属重要件，应先做防腐处理；当为木砖时，其外形应为楔形，或在木砖的两侧加钉锚固用的铁钉（见图 3 – 62），以免松动。

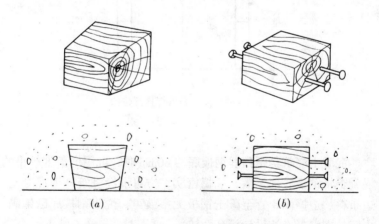

图 3 – 62　混凝土内预埋木砖
（a）楔形木砖可以牢固嵌在混凝土里；
（b）普通木砖两面钉钉，能牢固地嵌在混凝土里

③带有螺丝牙的预埋件，其外露螺牙部分应先用黄油满涂，再用韧性纸或薄膜包裹保护，用时方可剥除，免致被砂浆涂粘。

(2) 浇筑技巧

①埋置平面钢板件的技巧：

钢板的锚固，其锚固筋应与混凝土内的钢筋焊接牢固。如某些构件面上无钢筋时，可先将预埋件固定在板条上，再将板条钉牢在侧模板上，如图3-63，方可进行浇筑。

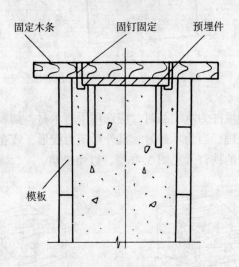

图3-63 无钢筋可焊接部位的
预埋件安装法

混凝土浇筑至距预埋钢板底约30mm时，可用坍落度较小的混凝土将钢板底部填满，插捣密实，方可继续浇筑外围混凝土。边布料、边捣固、直至敲击钢板无空鼓声，说明钢板底已饱满。再将外围混凝土按设计标高面抹平。

②埋置立面钢板的技巧

如图3-64，是预埋在柱上的竖向钢板。其锚固筋应与柱的主筋焊接。并加装撑筋，使钢板面与模板紧贴，以免内缩而影响安装质量。

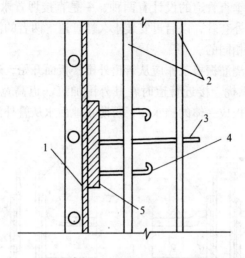

图 3 – 64 竖向构件预埋钢板法
1—钢模板；2—主筋；3—撑筋（2φ16）；
4—预埋件锚筋；5—预埋件

　　如图 3 – 65，是预埋在梁上侧面的钢板件。其锚固筋应放在主筋的内部，不应放在混凝土保护层部位，以免锚固筋受力时，将保护层拉离，影响结构的安全。

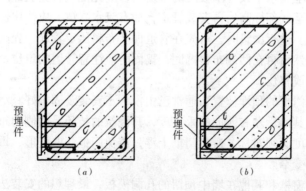

图 3 – 65　梁侧面预埋钢板法
（a）正确；（b）错误

③埋置垂直管道的设计有两种，一是直接埋置永久性管道，二是先埋置外套管，以后再安装永久性管道。两者的混凝土浇筑操作技巧是相同的。

首先，浇灌振捣工作应从管道外围楼板面开始，逐步向管道（或套管）靠拢。接近管道时在其外围加筑一道高宽约为30mm左右的与楼板成一体的挡水埂，可防止地面水从管外渗漏，如图3-66。

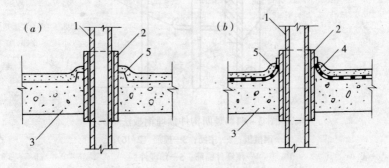

图 3-66 预埋垂直管道的技巧

（a）为无防水层预留孔洞套管；（b）为有防水层预留孔洞套管

1—垂直管道；2—套管；3—混凝土楼板；4—防水层；5—楼板面层

④埋置水平或有小坡度的管道时，应先浇筑管道底部的混凝土，浇至底部标高后再安装管道，如有流水降坡，应按比例作临时固定。进行浇筑时，可先在管道面上布料压定管道，提高其稳定性，然后再在两侧布料捣固，捣固时应注意管道的定位，防止被浮起或移位。

⑤门框的预埋位置，通常已由模板工安装及固定好。浇筑时应注意其前后左右四向的垂直度，其浇筑的技巧是两侧的布料和捣固力度必须对称，避免门框上浮，避免门框弯曲变形，重点避免下部变窄。

⑥窗框和其他在墙中预留的孔洞模板，最理想的安装法是在混凝土浇筑至窗台标高或孔洞模板底板标高时再行安装，以保证预埋件的标高准确，亦可便于浇筑下部混凝土和保证其捣固质

量。否则，只能用转向溜槽法（见图 3 - 33）操作。

3.4 混凝土养护的技巧

3.4.1 基本要求

混凝土养护的目的，一是创造各种条件使水泥充分水化，加速混凝土硬化；二是防止混凝土成型后因曝晒、风吹、干燥、寒冷等环境因素影响而出现不正常的收缩、裂缝等破损现象。

现浇混凝土在正温条件下通常采用自然养护。自然养护有 3 条基本要求：

①在浇筑完成后，12h 以内应进行养护；

②混凝土强度未达到 C12 以前，禁止任何人员在上面行走、安装模板支架，更不得作冲击性或在上面作任何劈打的操作；

③不允许用悬挑构件（如阳台、雨篷等）作为交通运输的通道或机具材料的停放场。

3.4.2 养护工艺

1. 覆盖养护

覆盖养护是最常用的保温保湿养护方法。主要措施是：

①应在初凝后开始覆盖养护，在终凝后开始浇水。

②覆盖所用的覆盖物，宜就地取材。通常用麦（稻）杆、草席、竹帘、麻袋片、编织布等片状物，或铺放散体粒料如砂子、锯末、炉渣等。在终凝后，对地坪、大面积基础、楼板等项目，也可以在周边用砖砌小埂蓄水养护。

③浇水工具，可随混凝土龄期而变动，对覆盖物的淋水，可用淋花壶，保证混凝土表面的完整；翌日，即可改用胶管浇水。浇水次数应以保证混凝土表面保持湿润为度。

④养护时间，与构件项目、水泥品种和有无掺用外加剂有关：

常用的五种水泥在正温条件下应不少于 7d；掺有缓凝外加剂或有抗渗、抗冻要求的项目，应不少于 14d。

⑤柱、墙、烟囱等项目的养护，应采用挂帘养护。帘布可以

用麻袋片、草帘、竹帘、帆布等；保湿措施是在上端装置一些水平浇花水管，水管的孔洞应向帘布喷洒，保持帘布的湿润。

2. 喷膜养护

喷膜养护是一种较先进的养护方法。是在混凝土表面喷一层养护薄膜，使混凝土内部的蒸发水不能外逸，成为混凝土的养护用水。可用于任何形状的构件，也适合于竖向结构、外形复杂的构件。如用于大面积的楼板、地坪、道路等项目，喷膜时尽可能一次完成。

喷膜技巧有：

①喷膜的工具为一般农用喷雾器。

②成膜剂的商品名为混凝土养护剂，其商品牌号及主要性能如表 3-11。

商品混凝土养护剂的牌号及性能 表 3-11

牌号	外观	主要性能	生产单位
JS-1	乳白色液体	1. 黏度 12~14s，pH值 9~11； 2. 干燥成膜时间不大于 2h； 3. 可用于竖向结构； 4. 不影响混凝土表面装饰； 5. 无毒，无臭，对人体无害	镇江市金属化工厂、荆州公路物资公司、四川华西外加剂厂
M9	胶体	1. 干燥时间小于 12h； 2. 成膜后可在上面行走，不留足迹 3. 20d 后自行脱落，不影响装饰	中建一局构件厂外加剂厂
YM-84		1. 以水玻璃为主的复合型制剂； 2. 无毒、不燃、无腐蚀性	江苏建筑科研所
氯-偏养生液	乳液	用时以水稀释，并用磷酸三钠中和	上海燎原化工厂
CM-A	乳液	1. 以石蜡为主配制；	长江水利水电研究院
JCC-1	水乳型	2. 成膜时间小于 4h	中国建筑科研院

③选用成膜养护剂时应考虑下列因素：

低温环境下不能用水玻璃类养护剂；

在强烈阳光地区不宜选用透明性高的养护剂；

对竖向构件或外型复杂或深梁构件的侧面，不宜选用流淌性大的养护剂。

④一般喷涂2遍。第一遍喷涂应在混凝土初凝以后。表面如有泌水应将之吸干，用手指轻压无指印时，便可喷涂。第二遍喷涂是在第一次成膜后20~60min时间内，用手指轻压第一次喷涂的膜，如不粘手时，便可第二遍喷涂。第二遍喷涂的路线，应与第一遍路线相垂直。

⑤喷涂时，喷嘴距离混凝土面约300~600mm，其要求应视养护剂的浓度以及喷射力而定，以能成为雾状为佳。

⑥喷膜后，应挂牌说明，并拉绳栏保护，任何人不准在混凝土面上行走、作业或堆放任何料具。

4 混凝土新技术

4.1 泵送混凝土

泵送混凝土有下列优点：新拌混凝土在运输过程中的质量不受外界气象的影响，能保持出搅拌机时的性能；生产效率高，快速方便；而且符合环保和文明施工的要求。

泵送混凝土适用于连续性强和浇筑效率要求高的工程。一般用于高层建筑、大型贮罐、塔形建筑物；也适用于大体积混凝土，如筏板基础、大型设备基础、机场跑道和水工工程等整体性强的工程施工。

4.1.1 泵送设备

混凝土泵送设备由3个部分组成：一是混凝土泵机，二是输送管道，三是布料杆。

1. 泵机及泵车

泵机是将混凝土从料斗中通过管道输送到浇筑地点的动力设备。

当前泵机的性能，适用于将坍落度为 50~230mm 的混凝土输送到垂直距离为 60m 或水平距离为 400m 的施工点，如运距较远较高，可加泵泵送。其功能标记是以每小时的输送量为型号。例如 HB_8、HB_{20}……HB_{60} 则代表 $8m^3/h$、$20m^3/h$、$60m^3/h$。

泵机的构造，经多年的实践，大多已选用活塞式泵机。图 4-1 所示为单活塞，常用于 HB_8；图 4-2 为双活塞，用于 HB_{10} 以上的泵机。可按工作量及施工进度进行选择。

泵车就是安装了泵机的汽车，成为可移动的泵机。大部分泵车带有液压折叠式臂架及管道。臂架具有变幅、曲折、伸直、回转等功能，在臂架范围内可按需要改变混凝土浇灌的位置。其浇灌混凝土的生产率为 20～70m³/h，如图 4-6。

2. 输送管道

混凝土输送管道大多用钢管或合金钢管；在临时管道或在接近经常移动的布料管的缓冲段多采用金属丝绕制的波纹橡胶管。

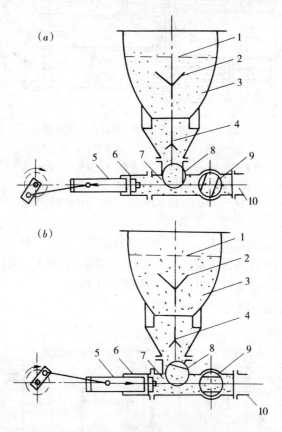

图 4-1 单活塞式混凝土泵工作原理图

(a) 进料时状态；(b) 泵送时状态

1—筛网；2—搅拌器；3—料斗；4—喂料器；

5—活塞；6—气缸；7—泵室；8—吸入阀；

9—压出阀；10—混凝土导管

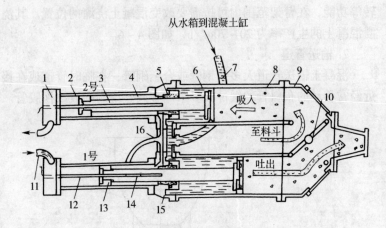

图 4-2　HB₃₀型混凝土泵推进机构示意

1—液压缸盖；2—液压缸；3—活塞杆；4—闭合油路；

5—V形密封圈；6—活塞；7—水管；8—混凝土缸；9—阀箱；

10—板阀；11—油管；12—铜管；13—液压缸活塞；

14—干簧管；15—缸体接头；16—双缸连接缸体

主管道内径的大小，应按粗骨料的粒径考虑：如为碎石混凝土，其内径应为最大粒径的 4 倍；如为卵石混凝土，其内径应为最大粒径的 3.5 倍。但通常均不小于 $\phi100mm$。

主管道的连接方式，如图 4-3～图 4-5。

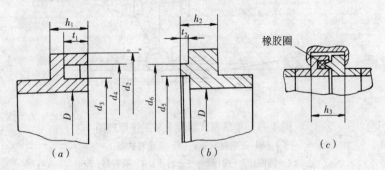

图 4-3　A 型法兰剖面

(a) 左法兰；(b) 右法兰；(c) 左、右法兰装配图

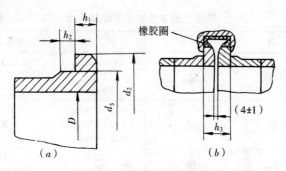

图 4 - 4   B 型法兰剖面

（a）B 型法兰（左右相同）；（b）装配图

图 4 - 5   回转式接头

（能作 360°旋转）

　　管道的路线有水平段、垂直段、弯曲段等，为便于计算混凝土输送的标准距离，通常折算为水平距离。其折算方法如表 4 - 1。

　　3. 布料杆

　　布料杆视浇筑目标的具体情况而有所不同，通常有 3 种情况：如用于基础工程、地面工程或多层房屋工程，其工作半径小于 20m 的，可采用自带布料杆的混凝土泵车浇灌。如图 4 - 6。

混凝土输送管的水平换算长度 表 4-1

类　别	单　位	规　格		水平换算长度（m）
向上垂直管	米	100mm		3
		125mm		4
		150mm		5
锥形管	根	175→150mm		4
		150→125mm		8
		125→100mm		16
弯管	根	90°	R = 0.5m	12
			R = 1.0m	9
软管	每 5~8m 长的 1 根			20

注：①R—曲率半径；
②弯管的弯曲角度小于90°时，需将表列数值乘以该角度与90°角的比值；
③向下垂直管，其水平换算长度等于其自身长度；
④斜向配管时，根据其水平及垂直投影长度，分别按水平、垂直配管计算。

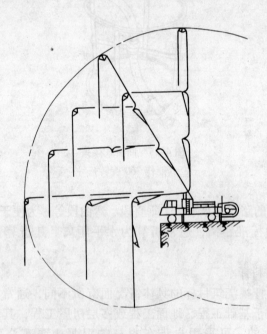

图 4-6　自带布料杆的混凝土泵车
（工作半径≤20m）

如用于高层建筑工程的，可在塔式起重机上安装布料杆。在地面上设置若干泵机站点，供应混凝土。如图 4 – 7。

第 3 种情况比较多见，是在面积较大基础、地坪、楼盖上安装移置式布料杆，按施工进度要求移置，其布料杆可长可短，可回旋 300°，工作面较大，管理较易。如图 4 – 8。

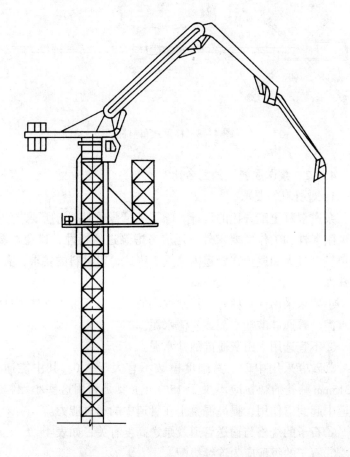

图 4 – 7　安装在塔式起重机上的布料杆

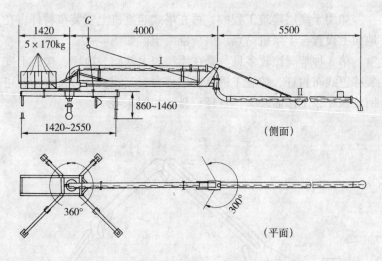

（侧面）

（平面）

图 4-8 移置式布料杆

4.1.2 泵送混凝土的配合比

1. 对材料的要求

泵送混凝土配合比的设计，除了满足普通混凝土所要求的强度、耐久性和工作度要求外，还应考虑泵送的特性，避免早凝、避免黏度过大和避免在管道内堵塞。因此，对材料的要求，有其特殊性：

①要求采用保水性好、泌水性小的水泥。通常优先选用硅酸盐水泥、普通硅酸盐水泥或矿渣水泥。

②不宜选用火山灰质硅酸盐水泥。

③砂应采用中砂，其细度模数不宜大于 3.0。其中能通过 0.315mm 筛孔的颗粒应不少于 15%。主要是利用这些小颗粒在管道中起润滑作用，提高混凝土在管道中的通过能力。

④石子的规格与输送管道及泵送高度有关，如表 4-2。

⑤石子的级配应为连续级配。

⑥石子中针片状颗粒的含量，不宜大于 10%。

⑦外加剂可掺用泵送剂、引气剂或减水剂。

⑧宜掺用粉煤灰或其他活性掺合料，以减少管壁的摩阻力。所掺用的粉煤灰质量应符合表2-8中Ⅰ、Ⅱ级的指标要求。质量差的粉煤灰对混凝土强度和可泵性都不利。

粗骨料的最大粒径与输送管径之比   表4-2

石子品种	泵送高度（m）	粗骨料最大粒径与输送管径比
碎石	< 50	≤1:3.0
	50 ~ 100	≤1:4.0
	> 100	≤1:5.0
卵石	< 50	≤1:2.5
	50 ~ 100	≤1:3.0
	> 100	≤1:4.0

2. 配合比设计

配合比设计应按照第2章普通混凝土配合比设计的基本原则和方法进行，同时应符合下列泵送工艺的要求：

①泵送混凝土的坍落度不宜小于80mm。但也不是越大越好，过大易于离析，过小易堵管。在试配时，其坍落度应按下式计算：

$$T_t = T_p + \Delta T \qquad (4-1)$$

式中　T_t——试配时要求的坍落度值；

　　　T_p——入泵时要求的坍落度值，可参考表4-3；

　　　ΔT——坍落度的经时损失值，可由试验测得，或参考表4-4。

混凝土入泵坍落度选用表   表4-3

泵送高度（m）	< 30	30 ~ 60	60 ~ 100	> 100
坍落度（mm）	100 ~ 140	140 ~ 160	160 ~ 180	180 ~ 200

混凝土经时坍落度损失值			表 4－4
大气温度（℃）	10～20	20～30	30～35
混凝土经时坍落度损失值（掺粉煤灰和木钙，经时 1h）（mm）	5～25	25～35	35～50

注：掺粉煤灰与其他外加剂时，坍落度经时损失可根据施工经验确定。无施工经验时，应通过试验确定。

②泵送混凝土的水胶比，不宜大于 0.6。过大则容易在泵送过程中引起离析，在硬化期容易引致体积收缩，出现裂缝。

③泵送混凝土的水泥用量，不宜小于 300kg/m³。因浆量过少，不利于泵送。

④掺用引气型外加剂时，混凝土的含气量不宜大于 4%。

⑤砂率可以比常规增大 2%～3%；宜在 35%～45% 之间。目的是增加混凝土的可泵性。

3. 配合比设计例题

泵送混凝土配合比的计算方法及参数，除上述要求外，其他与第 2 章相同，设计时可参照使用。我国各大工程的配合比实例，列如表 4－5，可供参考。但应指出的是，在试配、调整阶段应增加可泵性实验，在实验过程中注意运行情况，及时修改配合比。

4.1.3 泵送混凝土的操作技巧

1. 泵送混凝土的管道安装

（1）规划和布局

①管道应合理固定，不随意变更路线，不影响交通运输，不搞乱已安装绑扎好的钢筋或预埋件，泵送时不影响模板振动，应有自行固定的支承系统。

②管线宜直，转弯宜缓，其曲率半径应大于 0.5m，以减少压力损失。

③管道应一次安装好，不宜在泵送时再加装管线，浇筑点应先远后近，管道只拆不接。

表 4 – 5

泵送混凝土配合比实例(每 m³ 用料量)

序号	工程名称	泵送高度(m)	混凝土强度(MPa)	入泵坍落度(mm)	水胶比	砂率(%)	水泥品种	水泥强度(MPa)	水泥用量(kg)	掺合料名称	掺合料用量(kg)	用水量(kg)	用砂量(kg)	碎石用量(kg)	减水剂品牌	减水剂掺量(kg)
1	广东国际大厦顶层	200	C60	190	0.35	36	普硅	52.5	498	粉煤灰	75	198	590	1031	DP$_{440}$	1.0
2	上海东方实业大厦	150	C60	140	0.37		普硅	72.5	440	粉煤灰	50	181			南浦II	
3	上海南浦大桥	154	C40	180	0.42	33	普硅	52.5	400	粉煤灰	40	185	648	1100	南浦II	6.8(L)
4	上海电视塔基础(大体积)	水平	C40	120	0.41		普硅	52.5	360	粉煤灰	70	176			南浦II	
5	南京金陵饭店	30层	C30	180	0.55	40	普硅	52.5	390		0	215	732	1100	木钙	1.95
6	联谊大厦	12层	C30	160	0.47	38	矿硅	42.5	420	粉煤灰	40	215	632	1020	木钙	0.88
7	上海八区引水工程	水平	C20	120	0.62	42	矿硅	42.5	364	粉煤灰	46	192	762	1061	木钙	0.78
8	南京邮电大楼	170	C50	215	0.30	34	矿硅	52.5	488	RPA	42	170	568	1102		
9			C60	215	0.30	33	矿硅	52.5	539	RPA	47	176	531	1078		
10	上海金茂大厦(基础)	水平	C50	100	0.31	37	矿硅	52.5	420	粉煤灰	70	190	626	1050	EA$_2$	3.36
11	上海世界广场地下室	水平	C80	200	0.28	43	硅	72.5	425	FRC	180	169	700	905	YJC$_2$	3.90
12	新上海国际大厦	87	C80	200	0.27	42	硅	72.5	480	FRC	150	170	680	910	YJC$_2$	3.60
13	广州中天广场	146	C60	180	0.33	38	硅	52.5	545			180	640	985	RB1000	2.0(L)
14	青岛中银大厦	244	C60		0.30	30	普硅	52.5	491	粉煤灰	49	161	560	1137	MBL	4.36(L)

注:掺合料中的 RPA 是江苏省建科院研制的多功能抗裂防渗材料;FRC 是以化铁炉渣为基料的掺合料。

④管线关键部位（开关、接头、弯曲等部位）应预留或选在较宽松的场地，便于维修、装拆和清洗。

⑤向上配管时，地面水平管的长度不宜小于泵送垂直高度的1/4，且不小于 15m。

（2）安装要点

①水平管线避免下斜，以防泵空堵管。

②接头应严密，防止漏水漏浆。应在泵送压力下做一次巡视验收。

③在距混凝土泵出料口 3～6m 的水平管处应设置截止阀，以防混凝土反流。

④向下倾斜泵送管道，应采取下列措施：

在斜管上端设排气阀；

管径宜较小；

在斜管中段或下段设一缓冲水平管，其长度为高差的 5 倍。如因条件限制，可多设弯管或用金属丝缠绕的橡胶管平放等折算代替；

在泵送时用低压输送。

⑤管道、弯头、开关等零配件应有备品，可随时更换。

⑥管道交工后，应有防晒防寒措施。可用帆布、草席、麻袋等将管道覆盖，避免严寒酷暑气温影响管道内混凝土质量。

2. 混凝土的泵送

（1）基本操作

①应注意输送钢管的温度。在夏季，如钢管外部未经覆盖，其温度炙手时，应先行淋水降温。在冬季，应检测混凝土温度符合设计要求后，方可泵送。

②对混凝土应通过 3.1.2 3. 节的检测，应符合泵送要求。亦可临时增加泌水性试验。（可按《GB 8076—87》泌水率的测定方法，简述如下：

取一可容 5L 的金属容器（$\phi = 185mm$，高 200mm），将 5L 拌合物一次装入，在振动台上振动 20s，表面用抹刀抹平，约低于容器口 20mm。从表面抹平时起计时。在前 60min，每隔 10min 用吸水管将泌水吸出一次；共吸 6 次；以后，每隔 20min 吸水一次，再吸三次或吸至无泌水可吸为止。每次吸水时，可将容器底部一侧垫高，便于吸水。每次所吸得的水盛入有塞的量管内。将量管内的泌水总量除以拌合物的搅拌用水量，便是泌水率。必要时，可做三次测定，取其平均值。)

③操作人员应持证上岗，并能及时处理泵送过程出现的故障。

④泵机与浇筑点应有联络工具，信号要明确。

⑤泵送前应先用水灰比为 0.7 的 1:2 的水泥砂浆湿润管道，水泥砂浆用量按管道长度，按每 m 用量为 $0.1m^3$ 计算。新换节管也应先润滑，后接驳。

⑥开始泵送时应使混凝土泵处于慢速、匀速并随时可反泵的状态。泵送速度先慢后快，同时观察泵的压力和各系统的情况，运转正常后方可按正常速度输送。

⑦应经常留心料斗混凝土的存量，严禁泵空。

⑧泵送节奏，原则上以一个层段浇筑完方可停泵。并应有备用机，在出现故障时可继续泵送。

⑨有计划的中断泵送，应计划好中断浇筑的部位，中断时间应不得大于所浇筑混凝土的初凝时间。

⑩在泵送过程中应有专人巡视管线，发现漏浆漏水应及时修理，较大的故障应报告技术主管。

⑪在泵送过程中如出现压力升高、油温升高、输送管道有明显的振动、泵送困难时，不要强行泵送，应立即查明原因设法解决。如非管道堵塞，可采取如下措施：

慢速输送或间歇输送；

间歇作反泵和正泵，促使混凝土在管道中运动。

⑫向下泵送混凝土时，应先将输送管道的气阀打开，待下段管有了混凝土并有一定压力时，方可关闭气阀。

（2）管道堵塞

管道堵塞的象征，反映在泵机上是压力表的压力上升；反映在管道上是堵塞点有明显的振动，敲击时声音闷响。临时处理措施为：

①如堵塞点在送料球阀或泵机出口处，可将泵机做反转、正转各2~3个冲程，将混凝土吸回机内。

②如在管道中轻微堵塞，巡管员可通知泵机放慢泵送或反吸，同时用木槌敲打堵塞部位。

③如在管道中严重堵塞，则应拆管清理。拆管时，操作者只宜在管旁操作，切勿站在管口的正前方，以免混凝土喷出伤人。

再强调如下预防措施：

①勿用泌水性大的水泥，避免离析；

②水泥用量过大，粘度大，容易堵塞。一般控制胶结材的绝对体积不要大于160L/m³，按水泥计，不大于500kg/m³。

③粗骨料粒径不应过大。其最大粒径应控制在泵送管道直径的1/3以内，以1/4为佳。

④严格控制粗骨料的最大粒径，在泵机进料斗上加装相应规格的筛网（见图4-1）。

⑤尽量用稍大的砂率，一般不小于38%。

⑥注意混凝土供应进度，当发现混凝土进料不足时，改用"开、停、开、停"办法操作，低压送浆，严禁泵空。

⑦注意管道漏水漏浆情况，及时修理。

(3) 特殊混凝土的泵送

①泵送距离超长或超高时，应考虑加泵中转。

②对有特殊需要的富混凝土（水泥用量超过500kg/m³），因其黏度系数较大，宜按常规增加泵送压力。

③水泥用量少于220kg/m³的贫混凝土极易堵塞，应掺用掺合料，同时改用较大管径的管泵送。

④对轻骨料混凝土，应在搅拌前使骨料充分预湿，同时用低压泵送。

⑤对重混凝土，因其排出压力不均匀，在管道安装时应考虑：导管弯位尽量减少；泵送时应连续泵送，来料不应中断；停泵后应即时冲洗。

3. 泵送混凝土的浇筑

（1）准备工作

①事前应对模板及钢筋、预埋件等进行检查，应符合牢固、清洁的要求。

②振捣工具与振捣能力应与泵送混凝土的来料量相适应。

③按照来料量和布料杆的工作半径，以塔吊为中心，安排好浇筑区域，按先远后近的原则浇筑。

④泵送开始前，先将泵管管口向下，用料斗承接泵来的混凝土：如来料喷出后即散开，则将其盛入料斗内，另行处理；当来料喷出成筒状、长达300mm后始散开，则认为正常，可泵用。

（2）基本操作

①浇筑大体积混凝土基础时，应按"4.2 大体积混凝土"的要求操作；浇筑其他结构时，可参照"3 混凝土的浇筑"中的有关工艺要求操作。

②浇筑竖向结构或深梁时，布料管的管口离模板侧板应大于50mm，并不得直冲侧板，也不应冲乱钢筋骨架。其分层厚度为300～500mm。

③浇筑水平结构时，不得集中一点浇灌，应将管口作2～3m范围内摆动。布料管宜垂直于模板平面，落差高度约600mm。

④对于预留洞、预埋件和钢筋密集的部位，请参照"3 混凝土的浇筑"的有关操作技巧。

⑤泵送混凝土浇筑时应重点注意边角的布料和捣固，如布料不饱满时，应用手工操作补足，并用手工工具振捣密实，保证边角密实。

⑥混凝土板的表面，应先用铁滚筒滚压两遍，用测量仪将表面水平检查一次，然后按设计要求搓毛、抹平或留槎。

（3）冬期施工

①先用热砂浆润滑管道，管道必须有保温装置。

②混凝土水灰比宜小，可掺用抗冻减水剂以保证所需的坍落度。

③通过计算，确定混凝土出搅拌机时的温度（按布料时所需温度加上运输过程和泵送过程的温度损失），由搅拌站提供合格的混凝土。

④模板应采用保温模板（用预热法或暖棚法等）。

⑤关键是每一转接点，应进行测温检查。

（4）管道清洗

泵送工作结束后，应及时进行管道清洗工作：

①计算导管内剩余的混凝土量，确定清洗工作量。导管内混凝土的数量可参考表4-6。

泵送混凝土导管内混凝土的数量　　　　　　　　　表4-6

输送导管直径（mm）	每100m长导管内的混凝土量（m³）
φ100	1.0
φ125	1.5
φ150	2.0

②洗管前应先行反吸，以降低管内压力和管内的混凝土量。

③洗管材料为海绵球或橡胶球。

④洗管可用水或压缩空气，按机种采用。

⑤洗管时，布料杆或导管出口前方，禁止站人，可用安全挡架或围栏阻挡。

⑥应预先准备好排浆管或排水沟，严禁洗管残浆灌入已浇筑好的工程。

⑦冬期泵送，下班前应将泵内、导管内水全部排清，并将泵机活塞擦洗干净，防止冻坏活塞。

4.2 大体积混凝土

4.2.1 基本知识

大体积混凝土的范围很大，如大型海洋采油平台的混凝土支柱，大河的混凝土水坝等，是当之无愧的大体积混凝土。在建筑工程中的大体积混凝土是指哪些呢？在《普通混凝土配合比设计规程》（JGJ 55—2000）中对大体积混凝土有两种界定：一是"混凝土结构物实体最小尺寸等于或大于 1m 的部位"，二是"预计会因水泥水化热引起混凝土内外温差过大而导致裂缝的混凝土"。这个规定点出了两个要点，一是实体尺寸，二是出现裂缝。

这里所指的实体尺寸，不是外形尺寸。例如某承重柱，其外形为 1.5m×1.5m，但该柱是空心柱，壁厚仅为 0.4m，即实体尺寸仅为 0.4m，故不属于大体积混凝土。按此规定，建筑工程中的大体积混凝土，常见的部位有三个：一是基础底板，二是大型设备基础，三是高层建筑的转换层的梁或板。

水泥水化热引起的混凝土内外温差裂缝，是因为混凝土体积大，热传导性差，水化热可使中心处的温度达到 60～70℃；而混凝土外界温度较低，散热又快，形成了内外温差大。受冷缩热胀规律影响，当内外温差大于 25℃时，就可能产生温差裂缝，成为混凝土质量的隐患。

因此，大体积混凝土的浇筑质量，除了达到饱满密实、强度合格和尺寸符合要求之外，还应防止裂缝的出现。其具体做法就是尽量减少混凝土实体的内外温差。具体要求是：①混凝土内部和外部的温差不应超过 25℃；②混凝土的温度陡降不应大于 10℃。

一般来说，大体积混凝土施工的时间应尽可能安排在外界气温在 20～30℃的季节中进行，使内外温差比较接近，以减少技术措施的费用，也能避免温差裂缝的出现。

4.2.2 控制裂缝的技巧

1. 配合比的设计

配合比设计的技巧是从减少温差变形着手，从材料选择着手。

（1）减少水泥的水化热

①水泥的水化热大小与它所含 C_3S（硅酸三钙）和 C_3A（铝酸三钙）的含量有关，含量愈高，发热量愈大，水化速度也愈快，水泥的水化热值如表 4-7。故大体积混凝土应选用矿渣水泥或火山灰水泥。对有外部约束的混凝土，可选用微膨胀水泥。

每千克水泥水化热量值   表 4-7

水泥品种	水泥强度	每千克水泥的水化热（kJ）		
		3d	7d	28d
普通水泥	52.5	314	354	375
	42.5	250	271	334
	32.5	208	229	292
矿渣水泥	42.5	188	251	334
	32.5	146	208	271
火山灰水泥	42.5	167	230	314
	32.5	125	169	250

注：本表数值是按平均硬化温度 15℃时编制的，当平均温度为 7~10℃时，表中数值按 60%~70% 采用。

②掺用缓凝剂或减水剂以减缓水泥的水化速度，也就是推迟水化热的释放时间，即推迟初凝时间，便于散热。

③掺用粉煤灰，可减少水泥的用量，就是减少水泥的水化热和延缓水化的时间。

④对粗骨料选用的原则是就地取材，以降低费用。但在有条件时，应选用线胀系数较小的岩石以减少混凝土的膨胀值。岩石的线胀系数如表 4-8。

岩石名称	石英	花岗岩	白云岩	石灰岩	大理石	玄武岩	砂岩
线胀系数 (10^{-6}/℃)	10.2 ~ 13.4	5.5 ~ 5.8	6 ~ 10	3.64 ~ 6	4.41	5 ~ 7.5	10 ~ 12

（2）优化配合比设计

设计的技巧是减少骨料的孔隙率以减少混凝土收缩的可能性。

①选择细度模数为 2.8 ~ 3.1 的中砂。

②选择良好级配的粗骨料，从表 2 – 14 可以看出，采用最大粒径为 40mm 的连续级配的粗粒径石子，比采用最大粒径为 20mm 的石子，其用水量可以节约 20kg/m³。水的用量少，水泥用量也少，水化热也少了。除泵送混凝土对粒径有所限制外，其他输送方法可以尽量采用较大粒径。

③用水量宜少，可同时减少混凝土凝结、收缩、泌水等现象。

④大体积混凝土配合比实例，可参见表 4 – 5 中序号 4、7、10、11 等工程实例，现再补充如表 4 – 9。

工程名称	混凝土强度	材料用量（kg/m³）					
		水泥	砂	石子	水	减水剂	掺合料
中央电视塔基础底板	C38	450	576	1233	189	9.0	
广州广发金融大厦基础底板	C40、P8	451	562	1076	205	3.19	81（粉煤灰）
武汉国际贸易中心基础底板	C40、P8	360	670	1125	170	3.0	70（CAS膨胀剂）
合川水电站基础底板	C20	260	404	1700	≤104	6.4	
某大型设备基础	C25	280	690	1210	175	1.12	

2. 掺用块石

在厚大少筋的混凝土中，一般可掺用小于混凝土体积的25%的块石。在征得设计部门同意后，此法的效果较好。其优点是，块石可以吸收水泥的水化热，可以因此减少混凝土用量。在操作时应严格检查块石的质量和遵守有关规定：

①块石应坚实、无裂纹、经过洗刷、无泥质和未经过煅烧的块体。

②其强度应为所浇筑混凝土强度等级的1.5倍。

③块石的规格，其长边的尺寸不得大于浇筑部分最小边长的1/3，也不得大于钢筋最小间距的1/3，且不得大于300mm。

④条形和片状的块石不得使用。

⑤投放块石时，应将棱角插入混凝土中，上、下层形成交错状，并使上下层之间的距离大于100mm。

⑥块石与块石之间的距离、块石与模板、预留孔洞、预埋件、锚固筋之间的距离，均不得小于100mm。

⑦投放时不要触动钢筋，更不能砸乱钢筋。

⑧如有水平施工缝，石块露出部分约为该石块体积的一半。

3. 降低拌合物入模温度

规范要求，大体积混凝土拌合物入模时的温度不宜大于28℃；浇筑成型后混凝土内外温差不应超过25℃。一般情况下，在夏季进行大体积混凝土施工，应对混凝土的材料温度作一定的控制，使拌合物能符合上述的要求。其计算式如下：

$$
\begin{aligned}
T_0 = & \left[0.9 \left(m_{ce} T_{ce} + m_{sa} T_{sa} + m_g T_g \right) \right. \\
& + 4.2 T_w \times \left(m_w - w_{sa} m_{sa} - w_g m_g \right) \\
& + c_1 \left(w_{sa} m_{sa} T_{sa} + w_g m_g T_g \right) \\
& - c_2 \left(w_{sa} m_{sa} + w_g m_g \right) \right] \\
& \div \left[4.2 m_w + 0.9 \times \left(m_{ce} + m_{sa} + m_g \right) \right] \quad (4-2)
\end{aligned}
$$

式中　　　　　T_0——混凝土拌合物的温度，℃；

m_w、m_{ce}、m_{sa}、m_g——每立方米混凝土水、水泥、砂、石的用量，

　　　　　kg；

154

T_w、T_{ce}、T_{sa}、T_g——水、水泥、砂、石的温度，℃；

$\qquad\qquad w_{sa}$、w_g——砂、石的含水率，%；

$\qquad\qquad\quad c_1$——水的比热容，kJ/（kg·K）；

$\qquad\qquad\quad c_2$——水的溶解热，kJ/kg。

当骨料温度＞0℃时，$c_1 = 4.2$，$c_2 = 0$；

当骨料温度≤0℃时，$c_1 = 2.1$，$c_2 = 335$。

一般的措施是将砂、石子存放在荫棚内，避免太阳直射；水的温度如过高，采用井水或加溶解的冰水（但水内不得有冰粒）。通过计算后才投放搅拌。

[**例题**]　以表 4-9 某大型设备基础的配合比为例，其配合比为水:水泥:砂:石子为 0.625:1:2.464:4.321；水经加冰溶解后的温度为 15℃，水泥在贮仓内为 25℃，砂、石子在荫棚内为 20℃，砂的含水率为 2%，石子含水率为 1%。按式（4-2）进行计算：

解题：以配合比值代替材料用量

$m_w = 0.625$ $\qquad T_w = 15$ $\qquad w_{sa} = 0.02$

$m_{ce} = 1$ $\qquad\quad T_{ce} = 25$ $\qquad w_g = 0.01$

$m_{sa} = 2.464$ $\qquad T_{sa} = 20$ $\qquad c_2 = 0$

$m_g = 4.321$ $\qquad T_g = 20$ $\qquad c_1 = 4.2$

代入式（4-1）：

$$
\begin{aligned}
T_0 = &[0.9 \times (1 \times 25 + 2.464 \times 20 + 4.321 \times 20) \\
&+ 4.2 \times 15 \times (0.625 - 0.02 \times 2.464 - 0.01 \times 4.321) \\
&+ 4.2 \times (2.464 \times 0.02 \times 20 + 4.321 \times 0.01 \times 20) \\
&- 0 \times (0.02 \times 2.464 + 0.01 \times 4.321)] \\
&\div [4.2 \times 0.625 + 0.9 \times (1 + 2.464 + 4.321)] \\
= &19.31℃
\end{aligned}
$$

采取上述措施后，拌合物温度为 19.31℃，大大低于 28℃ 的要求，可行。

4. 调控温度，外蓄内降

(1) 外部蓄热，避免热量散失

①当基础上表面为平面、斜面或阶梯形时，均可采用筑埂蓄水保温。蓄水的作用不是冷却，而是将混凝土散发的热量保留在水内，同时也可以将外界的高温或人工加温吸收到水内，成为保温层。蓄水的高度一般为 100～200mm。蓄水的方法，可砌两皮至四皮砖的矮墙围成小水池；或用挖出来的泥土筑成小埂围成小水池。

②混凝土的侧面可用挂帘保温。帘的材料可因地制宜，草帘、竹帘、帆布、胶布或麻袋片均可。

③如在冬期，可采用红外线灯或电热毡等措施蓄温。

④重要的是，必须有专人值班，负责补充热源及加水，帘被吹走后补挂等工作。

⑤在内外温差已小于 20℃时，保温工作仍按养护要求维持至 14d。

(2) 内部降温，减少内外温差

内部降温工作，在配合比设计时已采取了相应措施。浇筑后的内部降温，通常是通水冷却。技巧如下：

①传统的做法是用金属管子，可以按需布置，但难以回收，一般可作为基础构造筋。但需事先与设计部门、建设部门等共同商定。目前已有采用软胶管，其优点是可以回收，但只能采用直排式。

②线路布置取决于水流方式，有自流式和电动循环式。自流式要有 2‰的降坡。电动循环式较为灵活。

③线路的布置也取决于构件的种类和形状，通常有 3 种方式：

· 迂回式（亦称蛇形式），如图 4－9。其优点是进、出水口可安排在同一地点，易于管理，可用一个小抽机就能解决水流循环。其缺点是线路过长，后段水温较高，效率较低。适用于筏板形基础。

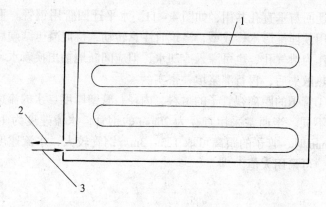

图4-9 迂回式线路
1—冷却水管；2—冷却水出口；3—冷却水进口

直排式，如图4-10，其安装工作量较少，管子也可以回收，金属管和软胶管均可用。如采用电动循环通水，可将出、入水总管接长便可。

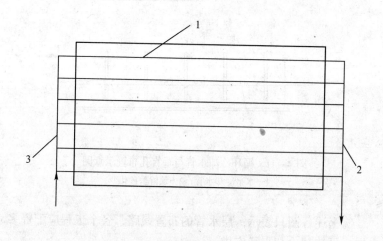

图4-10 直排式线路
1—冷却水管；2—出水管；3—进水管

迂回与垂直孔共用,如图4-11。水平迂回管用钢管。垂直孔可用预埋锥形木棒成型,浇筑时注意转动,待混凝土结硬后抽出,作为泄气孔,也可灌入冷却水,但应间断地抽出换新水。待水化热散失后,再行灌浆填补密实。

④管子的距离视管子的材料、内径、管壁厚度、水的流速等等而不同。当通常采用直径为25mm的钢管,水流速度为14~20L/min时,管子的距离可取1.5~3m。钢管较大,水流速度较快时,可采用大值。

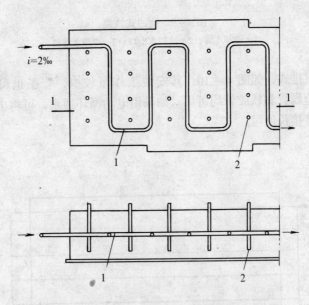

图4-11　循环冷却水管与垂直孔布置示意图
1—水平冷却水管;2—预留垂直孔

⑤上述各图只表示一层水管的布置线路,各个工程应配置多少层,可按其冷却半径安排。

⑥管子安装质量要求不漏水,安装后要进行试压检查。

4.2.3 基础底板和设备基础

1. 浇筑的技巧

基础底板是高层建筑的一种承重基础，亦称为满堂红基础。其特点是整体性要求高，混凝土质量要求密实均匀，施工时要求连续浇筑，要分层施工，又要成为整体。设备基础也有同样的要求，但外形较为复杂，预埋件及地脚螺栓预留孔较多。

（1）施工方案

大体积混凝土基础底板工程，其施工方案有3种：

①全面分层浇筑，即平面不分段，厚度需分层的浇筑方法。适用于平面尺寸不大的设备基础或房屋的基础底板。如图4-12。

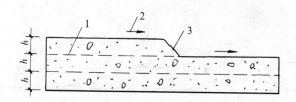

图4-12 全面分层浇筑

1—分层线；2—浇筑方向；3—新浇筑的混凝土

h—分层浇筑厚度

②分段分层浇筑，即是将平面分为若干段，厚度分为若干层浇筑的方法。适用于面积较大，或工作面较长或分组两端对称同时作业的基础底板。如图4-13。

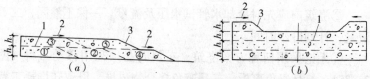

图4-13 分段分层浇筑

（a）分段分层浇筑；（b）对称分层浇筑

1—分层线；2—浇筑方向；3—新浇筑的混凝土

①、②、③……浇筑次序；h—分层浇筑厚度

③斜面分层浇筑，如图4-14。现代大型工程施工，多采用泵送混凝土，也多采用斜面分层。由于来料快、坍落度大，当浇筑厚度较大时，斜面不易控制，形成斜面过陡，粗粒骨料易于下坠，拌合物出现离析，混凝土底板容易出现烂根现象。因此，斜面比例应有一定的控制。《高层建筑箱形与筏形基础技术规范》（JGJ6-99）提出，可以利用混凝土自然流淌形成的斜坡，采用薄层浇筑。据各方面的经验和资料，所形成斜坡宜为1:6~1:8，其水平角约为7°~9°；分层厚度应薄，以来料的快慢考虑，控制在300mm以内。注意振捣，但不应过分振捣，过分则形成离析。

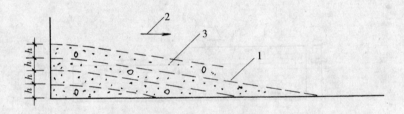

图4-14　斜面分层浇筑

1—分层线；2—浇筑方向；3—新浇筑混凝土

h—分层浇筑的厚度，应小于300mm

（2）浇筑工艺

①混凝土供应量可按布料、振捣能力安排；或按供应量安排布料和振捣人员的数量。不应超速供应，打乱计划，影响质量。

②浇筑前应先对冷却水管试水压及流量。一保不渗漏，二看流量，计划冷却时间。

③无论采用何种方案浇筑，布料时必须采用移动布料（图3-35），一是避免离析，二是避免拌合物成堆，以致转堆耗工费时。

④布料厚度，根据振动器性能考虑，如用插入式振动器，其厚度应小于400mm，或小于振动器棒长的3/4。并保证振动棒能

插入下层混凝土中振捣。也可以按拌合物的粗骨料粒径、坍落度大小及每层厚度，选用振动器。如工程较大，可选用直联式振动器或组合式振动器。

⑤布料层距（台阶式水平距离）应不少于 1m。

⑥采用吊罐、串筒或溜槽布料时，其分层步骤可参考图 4－13（a）。上一层应在下一层开始初凝，但未超过表 3－8 的时效内浇筑。

⑦采用泵送布料，可参考图 4－15，先远后近，其厚度及水平角度应符合上述（1）施工方案中的要求。布料时布料口应垂直向下，防止混凝土突然冲出将钢筋向前推移，并保证保护层的厚度。

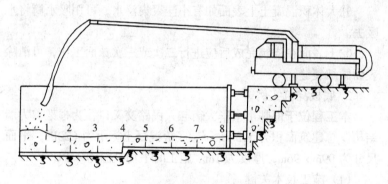

图 4－15　泵送布料应先远后近
(图内数码表示先后次序)

⑧操作振动器时，注意勿触动钢筋骨架及预埋的冷却水管等预埋件。插入式振动器可以从钢筋网的空位中插入，如图4－16。

⑨如表面某点出现砂浆窝或石子窝，可先将窝内的净砂浆或净石子取出，用脚底或振动器或搓板从窝的外围将混凝土压送填补。因系同时搅拌，其黏聚性较从别处取料的好。

⑩大体积混凝土，尤其是泵送混凝土，必然有泌水流出。做基础垫层时，应将垫层面做成带有 1‰～2‰的坡度斜向后浇带

或两侧，同时在侧模板开若干孔引水，以便将泌水引至后浇带及两侧排水沟，再行引出场外。

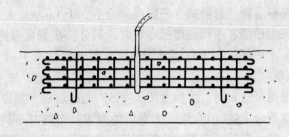

图 4 – 16　多层钢筋网片处混凝土的振捣

⑪大体积混凝土上表面如有小洼聚集泌水，可用吸水筒将水吸去。

⑫上表面在浇筑完成后应进行二次或三次抹面工作，可消除表面微细裂缝。

2. 底板浇筑实例

本工程位于邯郸市中华大街与人民路交叉口，为框架剪力墙结构。总建筑面积为 5.3 万 m^2。底板混凝土标示为 C30P8，平面尺寸为 99m×96m，厚度为 1m。施工时平均气温为 –4℃。

（1）施工技术关键

①混凝土采用微膨胀补偿混凝土，掺用有微膨胀、泵送、缓凝、抗渗、防冻等复合功能的外加剂，控制内部约束应力所产生的收缩裂缝。

②混凝土的施工配合比如表 4 – 10。

底板大体积混凝土配合比　　　　　表 4 – 10

水泥：KEA – Ⅱ外加剂	水	细砂	10~30mm 碎石
(0.88：0.12)	0.42	1.62	2.77

说明：水泥为 42.5MPa 普通硅酸盐水泥。

③控制混凝土拌合物的出机和入模温度。

④采用蓄热法对面层混凝土保温。

⑤实行分层连续浇筑，控制在初凝期内浇筑上一层混凝土，确保层与层间不出现冷缝。

⑥采用微机测温，控制内、外混凝土温差不大于25℃。

（2）浇筑技巧

①采用分条、分段、斜面分层，连续推进，自然流淌的方法。

②以中间的后浇带为分界，分为南北两侧浇筑，北侧由西向东浇筑，南侧由东向西浇筑。

③两侧各宽20m按斜面分层，浇筑每层厚度为500mm。按4h覆盖一层，则每小时4条，所需混凝土量为60m³/h。

④每条浇筑带布置两道振捣器，跟进振捣。

⑤混凝土面层浇筑后，按标高用刮板初步刮平，初凝期后用铁滚筒纵横碾压数遍，抹平表面，防止干缩裂缝。

⑥蓄温养护，先铺薄膜一层，再铺草袋一层，再铺薄膜及草袋各一层，形成多层空气腔的保温养护层。

（3）效果

布点测温采用混凝土温度测定仪和微机温控，选择有代表性的、分上、中、下3层或5层的55个测点监测24d，最初3d为最高，达46.5℃，与外层覆盖点的温差为15℃。效果良好。

3. 后浇带

当一些较长（一般为40m以上）的箱形基础或设备基础不能设置沉降缝或伸缩缝时，通常采用后浇筑带（或称为特殊施工缝）代替。后浇带是在混凝土浇筑后，待半个月或稍长时间，原部位混凝土的收缩或沉陷变化基本稳定后再进行浇筑。

后浇带有多种形式，通常有平直缝、阶梯缝、企口缝等，常用的为企口缝，如图4-17。缝宽应等于或大于800mm，厚度同原部位。后浇带的范围，可包括整个基础结构，例如箱形基础，则包括底板、墙体和顶板，如为平板基础，则仅包括底板，是一条较宽的施工缝。

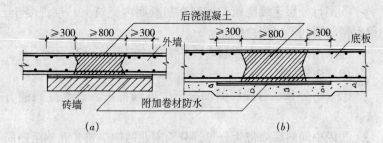

图 4-17 后浇带构造形式
(a) 外墙 (平剖面)；(b) 底板 (立剖面)

施工时，可按设计要求操作，一般的浇筑技巧已在第 3 章介绍，后浇带浇筑的关键措施如下：

①留置后浇带的部位，尤其是顶板部位，为防止有人误坠，应加栏杆妥善围护；地面后浇带空位，应加覆盖，保护钢筋，避免踩踏，禁止堆放垃圾。

②留设后浇带的立缝侧模，不应采用光面木模板，免得将来拆模后进行凿毛工作。应使用不必拆除的永久性模板。常用的永久性模板有钢丝网水泥预制模板；快易收口钢板网；多层钢丝网叠合成网孔交错的网板。

③原有结构钢筋应按设计图原样绑扎，不断开。若属于伸缩性后浇带，可以断开。

④后浇带何时浇筑，应经技术主管通过检查计算后决定。一般为半个月以后或更长一些时间。若属沉降性后浇带，一般是在建筑物沉降稳定后浇筑。

⑤浇筑前应先检查旧槎口，如有平滑部位，应将之凿毛成粗糙面，并将废渣、垃圾全部清出，用水淋湿并待其他工种（例如防水工作……等）验收合格后，方可浇筑。

⑥新浇筑混凝土的用料品质应与原部位混凝土相同，其强度

等级应比原强度高一级。

⑦如有需要，新混凝土可掺用膨胀剂，膨胀剂的用量可参考表 4 – 11。但应于事前由技术部门进行试制、试验认可后，方能使用。

膨胀混凝土的水泥用量及膨胀剂的常用掺量　　表 4 – 11

膨胀混凝 土 种 类	水泥用量 （kg/m³）	膨胀剂名称	掺　　量 （水泥重量的％）
补偿收缩混凝 土	≥300	明矾石膨胀剂 硫铝酸钙膨胀剂 氧化钙膨胀剂 氧化钙 – 硫铝酸钙复合膨胀剂	13 ~ 17 8 ~ 10 3 ~ 5 8 ~ 12
填充用膨胀混 凝土	300 ~ 700	明矾石膨胀剂 硫铝酸钙膨胀剂 氧化钙膨胀剂 氧化钙 – 硫铝酸钙复合膨胀剂 铁屑膨胀剂	10 ~ 13 8 ~ 10 3 ~ 5 8 ~ 10 30 ~ 35
自应力混凝土		硫铝酸钙膨胀剂 氧化钙 – 硫铝酸钙复合膨胀剂	15 ~ 25 15 ~ 25

注：配合比设计时：水泥强度等级不应低于 32.5 级；水泥及膨胀剂用量，应按内掺法计，即：$C = C' + P$

式中　C——计算水泥用量（kg）；

　　　C'——实际水泥用量（kg）；

　　　P——膨胀剂用量（kg）。

4. 设备基础的施工缝

（1）一般设备基础

如为水平施工缝时，其做法视地脚螺栓的直径而定：

①地脚螺栓直径大于或等于 30mm 时，应设置在地脚螺栓底以下 150mm 处。

②地脚螺栓直径小于 30mm 时，可留置在螺栓埋入深度 3/4 处或低于 3/4 处。

如为垂直施工缝时，应留置在地脚螺栓的外围，从螺栓中心起计，其半径为 250mm 或大于 250mm，同时不得小于地脚螺栓直径的 5 倍。

（2）承受动力作用的设备基础

①下列情况均不得留置垂直施工缝：

同一设备基座的地脚螺栓之间；

重要基座之下；

用轴连接传动的设备基础之间。

②下列情况均应征得设计部门同意方能设置垂直施工缝：

基础上的机组在担负互不相依的工作；

输送辊道的基础。

③垂直施工缝或台阶的立缝中应加装水平钢筋，其规格为：直径 $\phi 12 \sim \phi 16$，长度 $500 \sim 600mm$，其间距应 $\leqslant 500mm$，如为光圆钢筋，两端加弯勾。

④留置高低不同的水平施工缝时，其高低接合处应留成台阶状，台阶高宽比不得大于 1。如图 4 - 18。

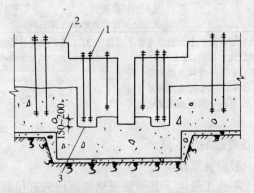

图 4 - 18　地脚螺栓水平施工缝的留设
1—地脚螺栓；2—基础表面；3—施工缝

⑤在继续进行混凝土浇筑时，应将场地进行一次清理，用水清洗，可留水迹，但不得积水。

⑥应将所有螺栓位置尺寸，进行一次复核校正。

4.2.4 转换层

高层建筑的使用，一般是低层作商场，中层作办公楼，高层作旅店或公寓、住宅。功能不同，设施和布局不同，要求结构的开间和柱网不同，转换层也就应运而生。

转换层的结构功能是荷载系统的调整。通常采取两种结构形式，一是转换梁结构，该层通常是空置的；二是转换板结构，该层可按使用层布置。

转换梁或转换板其体积较大，一般按大体积混凝土的要求进行施工。

1. 模板及支撑

由于转换梁或转换板在建筑物中所处的标高多在 + 15m ~ + 30m，是一种既重又高的构造，模板的设计是重点。转换层模板及支撑系统所承担的荷载一般都很大（包括结构自重荷载和施工荷载）大多采用钢结构作支撑。其荷载的传递，要通过已浇筑好混凝土楼层逐层传递至基础底板。

有些工程为避免对传递层造成不良的影响，对有关部位的楼板，暂不浇筑，留出空位，使施工荷载直接传递至基础。已浇筑楼板的工程，在支撑传递的部位，在楼板的底和面均应铺垫钢板缓冲以分散其影响。

有些转换梁采用叠合梁的设计，分两次浇筑，将第一次浇筑的下部分梁，养护至其强度达到要求时，利用其承担第二次浇筑的荷载，再浇筑上部叠合梁。这样可减轻模板及支撑的费用。

转换层的施工目前仍未有专项规程，浇筑工作可参阅本书"3"及"4.2.2"及有关文献。转换梁的操作要点是两次浇筑；转换板的操作要点是优化配合比、调控保养温度等，都有可供借鉴的经验。

2. 转换梁浇筑技巧实例

转换大梁由 3 跨（8m + 16m + 8m）组成。梁截面宽 1m，高 4.2m。混凝土强度等级为 C50，预应力。施工过程中的模板、支撑、钢筋、预应力张拉等从略，仅摘其中混凝土浇筑部分介绍如下：

浇筑工作

①考虑到梁的自重及其他荷载，垂直支撑从地下室至施工层楼面，高达28.62m，采用 ϕ609mm × 12mm 钢管柱，按 4m × 4m 柱网布置，与其他钢梁支撑组成支撑系统。在钢管支架关键点下设置振弦式压力盒进行监测，防止意外。

②采用叠合梁两次浇筑成形，第 1 次浇筑高度 1.6m，待其强度达到 C30，梁的内部温度处于下降阶段时，再进行第 2 次浇筑，高度为 2.6m。

③为保证梁内预应力筋管道曲线位置准确，不受振捣混凝土影响，事先对操作人员反复演示。施工时派专人监管，并派专人负责抽动钢绞线。

④混凝土采用商品混凝土。浇筑时采用斜面分层、薄层浇筑、自然流淌施工法。在浇筑至距张拉端 5～8m 时，反向下料推进，此时拌合物在交会处形成泌水集水坑，用转轴式泵将水抽出。

⑤为控制温差裂缝，在混凝土中掺加适量的 I 级粉煤灰和高效减水剂，控制坍落度在 120～140mm 之间；将已安装在梁内的预埋电线管改装为临时通水管，作循环冷水管起降温作用。

⑥第 1 次浇筑的混凝土到达梁的叠合面时，进行人工粗糙面处理：每隔 300mm 用 1 根宽 40mm、高 100mm、长 970mm 的上宽下窄的方木楔压入混凝土表面内；在初凝前 1h 用刮尺按标高刮平。用木楔（搓板）压磨密实后，再将木方起出，将混凝土表面凿毛，形成凹槽，提高二次浇筑时的结合力。

⑦在第 1 次浇筑的混凝土强度达到 C30 时，其内部温度已处于下降阶段，再进行第 2 次浇筑。方法同前。

⑧在第 2 次混凝土浇筑后 12h，开始保温养护，以多层塑料薄膜和草袋覆盖保养。以后再按测温的结果，及时调整保温材料的厚度。

此外，广州市泰康城广场大厦的转换梁，高达 3m，除在混凝土内部埋设循环冷却水管（如图4-19）外，同时在梁的两侧增设 $\phi6@100\times100$ 的钢筋网作为防裂措施。也取得较好的效果，内外温差，保持在 25℃ 以内。

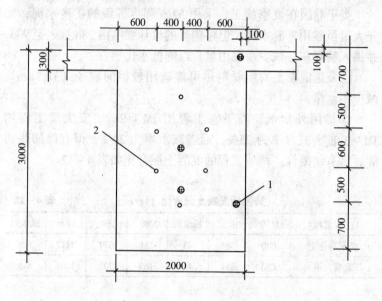

图4-19　梁内布管示意图
1—热敏电阻测温管；2—水管

3. 转换层板在不同季节施工，调控温度的技巧实例

南京娄子巷小区高层住宅，于1998年6月施工，地下地上共29层，在地上6层（设计标高 +25.4m）处构建厚度为 2m、面积为 22.4m×27.4m、混凝土强度为 C40 的转换层板。另一工程，南京宏安大厦，于2001年1月施工，地下、地上共33层，在设计标高为 +8.1m 处，构建厚度为 2.1m、面积约 1800m² 、混凝土强度为 C50 的转换层板。

两处转换板均采取一次浇筑成型，施工难度有三：一是混凝土强度等级高，水泥用量大；二是大体积混凝土板内水化热温升高，易产生裂缝；三是板的底面、侧面养护难处理。要控制内外温差在25℃以内较困难。采取的措施如下：

(1) 优化配合比设计：

①采用双掺技术，降低水泥用量，延长凝结时间。

娄子巷因在夏季施工，采用52.5强度等级的矿渣水泥；宏安大厦虽然用普硅水泥，但将构件的设计强度由28d推迟至90d，并掺入粉煤灰，减少水泥用量，以降低水化热。

②泵送混凝土的粗骨料尽可能选用较粗的粒径（31.5mm），减少用水量。

③掺用外加剂，娄子巷工程用JM-2；宏安大厦工程用JM-3，前者减水率为25%，后者减水率为20%，但有微膨胀功能，带有缓凝性。两项工程的混凝土配合比如表4-12。

转换板混凝土配合比（kg/m³）　表4-12

工程名称	强度等级	水泥	粉煤灰	水	砂	碎石	减水剂
娄子巷住宅	C40	386	43	181	679	1112	3.86
宏安大厦	C50	344	40	165	702	1205	6.5

(2) 控制材料温度，降低混凝土入模温度

①娄子巷工程为夏季施工，其砂石均存放在荫棚内，搅拌用水是地下低温水。入模温度经检测为27℃。

②宏安大厦施工在冬季，但不能使用刚出厂的热水泥，要求用出厂15d经冷却的水泥，其他材料未采取措施。经检测，其入模温度为13℃。

(3) 按不同情况采用不同保养措施。总的方法是早期保湿，后期保温，保温层或盖或撤按温度决定。

①板面保养　娄子巷工程因在夏季施工，浇筑后要抹面，待表面水稍干后，覆盖薄膜及草袋各1层，洒湿。3d后温度开始下降，再加铺薄膜及草袋各2层，及时洒湿。

宏安大厦因在冬季施工，浇筑后及时覆盖。用薄膜1层及草

袋 1 层共为一组,先铺一组。气温下降时,多铺一组。再冷再铺。

②侧面保温　娄子巷因在夏季施工,未采取措施,只在大风吹袭时防止空气流动过快,悬挂草席,以免侧板温度急降。

宏安大厦的侧模板原来已采用双层胶合板内夹薄膜;为防止降温,侧模板外再用防雨布严密围挡。

(4) 测温工作

测点布置,因转换板结构互为对称,取 1/4 板体安装温度测点。为全面反映混凝土内各部位的温度,在板底部、中部、上部分层布置,在平面沿边、角、中部均匀布置测点。

测温从混凝土浇筑后 24h 开始,升温阶段每 2h 测 1 次;降温阶段每 4h 测 1 次,7d 后每 8h 测 1 次。

温度记录显示,3d 龄期达到最高峰,娄子巷工程达到 67.4℃,内外温差最大为 10℃;宏安大厦工程最高达到 59.4℃,内外温差最大为 25.5℃。均符合规范要求。

(5) 测温结果分析

①转换板内降温速度,在降温初期为 2 ~ 3℃/d,有些文件认为应小于 1 ~ 1.5℃/d。但本工程的施工质量也得到保证。

②采用薄膜加草袋覆盖的保温法,可以满足控制温差的要求。

4.3　钢管混凝土

钢管混凝土结构,已有 80 多年历史。我国从 20 世纪 50 年代开始作为三向应力结构进行研究。1963 年首先用于北京地铁车站工程,1970 年相继在冶金、造船、电力等行业中应用。1980 年开始用于民用建筑。由于其强度比混凝土提高 7 倍以上,比钢结构提高 1.4 倍,同时可以简化施工工艺,节约模板。因此已开始得到重视,会成为土木工程的主要结构项目。

钢管混凝土的钢管可以由工厂预制,在工地安装后,即可进行混凝土的浇筑。其浇筑工艺有 3 种:一是泵送顶升浇筑法;二是高位抛落无振捣法;三是手工浇筑法。

4.3.1 混凝土的配合比

1. 配合比设计要点

钢管混凝土的配合比，其要求是既适合施工工艺的要求，也要考虑钢管不吸水（混凝土易泌水）和不变形（混凝土易收缩）的特点。配合比设计的基本参数和有关要求是：

对于泵送和高抛无振捣施工法，粗骨料粒径，可采用 5～31.5mm 的连续级配；坍落度应大于 150mm，水灰比应不大于 0.45。对于手工浇筑法，粗骨料粒径可采用 5～40mm 的连续级配；坍落度采用低流动性混凝土，水灰比应不大于 0.40。如钢管内有穿心部件或预埋件时，视其空隙大小，粗骨料粒径可适当减小，但不宜小于 20mm，坍落度也不宜小于 150mm。为满足坍落度和缓凝要求，应掺用缓凝减水剂；为减少混凝土的收缩，应掺用适量的微膨胀剂。

2. 钢管混凝土采用泵送顶升法浇筑的配合比实例

（1）配合比设计原则

①满足强度要求；

②和易性满足施工需要，初凝时间控制在 8h；

③掺加 UEA 型微膨胀剂，使混凝土在钢管内凝固后不收缩；

④在满足上述要求前提下，达到节约要求。

（2）用料选择

①水泥：52.5MPa　普通硅酸盐水泥；

②砂子：细度模数为 2.51 的河砂 $\rho_s = 2.66$；

③石子：5～31.5mm 连续级配的当地碎石，$\rho_g = 2.74$；

④外加剂　湛江产的 FDN 高效减水剂；TG 缓凝剂，要求在 25～30℃条件下，缓凝 8h，和易性仍达到可泵性；

⑤微膨胀剂　UEA 型微膨胀剂

（3）基本参数

①配制强度 $f_{cu,0} = 59.9MPa$；

②水胶比 $w/c + u = 0.39$；

③砂率 40%。

（4）计算结果及效果，如表 4 – 13。

梧州桂江三桥泵送压注钢管混凝土配合比　　表 4 – 13

| 编号 | 每立方米混凝土材料用量（kg） | | | | | | | 抗压强度（MPa） | |
	水泥	膨胀剂	砂	石	水	FDN	TG	7d	28d
P – 1	479.2	59.4	688.7	1032.7	189.1	5.386	0.539	44	64
P – 2	453.0	56.2	701.3	1051.9	187.0	5.029	0.509	46	65
P – 3	428.6	53.2	711.1	1066.5	186.8	4.818	0.482	48	66

注：经过有关项目测试后，符合设计要求，最后选用编号 P – 3 为施工配合比。

4.3.2　浇筑工艺

1. 泵送顶升浇筑法

（1）准备工作

混凝土泵送顶升工艺的要点是必须一次完成。其准备工作也应按此考虑。

①预先做好混凝土供应计划，按需用量及需用时间，编好进度计划。并考虑意外事故的处理，应有备用泵机、备件、工具。原则上是每一根钢管混凝土柱中途不能停泵。

②检查钢管的孔洞设置，进料口应有止回阀。泵管与钢管的连接装置如图 4 – 20。中部排气孔每隔 5～10m 应有一个。并准备混凝土泵到排气孔时用的堵孔木塞。

③清理钢管底部，将垃圾、残渣清出，并用水洒湿。

④如为竖向柱，其上顶口应先用钢板覆盖，以免杂物坠入，但应留有出气孔。

⑤如为拱形或水平构件，应在上顶点处加焊高约 1m 的垂直出浆口，以作为混凝土沉缩补偿之用。待混凝土凝固后，方可割除。并用钢板密封。

（2）泵送顶压工作

混凝土泵送工作，可参照"4.1　泵送混凝土"的技术措施。混凝土在钢管内顶压工作，可参照下述做法：

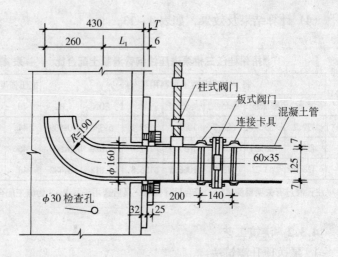

图 4-20 泵管与钢管的连接装置

①混凝土坍落度维持在 160～180mm 范围内，压送量进度维持在 15～20m³/h。

②泵压作业时，泵机应保持匀速、慢速和低压作业。

③如用双机在两端同时泵压时，两边混凝土流动至顶面的水平高程应对称，高差不能大于 1m。

④在泵送复杂构件（如桁架、拱形构件）时，应派人巡视，特别是弯头、桁架交叉部位，应敲击钢管，从声音中鉴别有无剥离，高程是否平衡。另一作用是起振捣作用，避免堵塞。

⑤泵送顶升工作完成后，仍应维持原泵压 2～3min。如管内有止回阀时，则待混凝土稳定后，方可在入口处关上闸柱，插入板式闸门，才能拆除泵管。

⑥待管内混凝土强度大于设计强度的 70% 时，可拆除一切辅助性零件及短管，补焊洞口，便可交工。

2. 高抛免振捣浇筑法

高抛免振捣浇筑法，就是利用混凝土成团高抛落下时产生的动能使混凝土达到振实的目的。此法只适用于钢管内径大于

$\phi350mm$ 的工程。同时，其管内应无可能影响混凝土直接下坠的预埋件等障碍物。大钢管内如有预埋件时，若能保证浇筑容器、料斗等能在其所留下的平面空隙范围上下移动，不影响混凝土直接抛落时，方可采用。

混凝土高抛免振捣的工艺要求是：

①浇筑前，应将底部杂物清理干净，用水浇湿，但不得积水。

②先用与混凝土同品质、同强度的砂浆铺满底部，厚度为 $100 \sim 200mm$，使混凝土落地时减少弹跳作用，也达到砂浆先行、避免离析的目的。

③准备浇筑的钢管高度，应尽可能一次接驳至设计要求，一是提高高抛距离，二是避免临时驳管。

④每次高抛混凝土量应不小于 $0.7m^3$。可用大容量料罐，使混凝土能组成一团。

⑤高抛距离（即料罐出料口与已筑混凝土料面的距离）应大于 4m。可用挂线测量。

⑥也可以用串筒浇筑，应连续不断地泻下，每次泻量应不少于 $0.7m^3$。其高度也应大于 4m。所用串筒的上口外径应小于钢管内径 $100 \sim 200mm$，使钢管内空气能顺畅向上逸出。

⑦最后剩余高差不足 4m 时，可用立式手工浇筑，用插入式振动器捣固。

⑧浇灌至钢管上口时，应使浇筑的混凝土料高出管口以上，高出多少，视浇筑总高度而定，主要是作为混凝土沉缩补偿之用。

⑨高抛或人工浇灌作业，原则是连续进行。如因特殊情况中断，其停歇时间不应大于表 3-8 的规定。

3. 立式手工浇筑法

立式手工浇筑法适用于内部有预埋件不能采用高抛，或管内无预埋件但其高度小于 4m，其混凝土须从上口浇筑的钢管。

作业前，应视钢管内径大小而确定采用什么工具。一般是在钢管上口处设置临时布料工作台。其投料工具可以用小桶、小料斗、铁铲，亦有采用混凝土泵车的布料杆，等等。其每层投料厚度，可由 400mm 至 2m。

振动工具：人工捣插可以采用长竹竿、长小钢管、或图 3 - 36 所示的刀式插棒。机械振捣可用经过改装的插入式振动器，改装部位一是换用较长的软轴；二是加强振动棒与软轴连接处的保护，多加一层套管，保护连接点免受摩擦损坏。如果在钢管外挂外部振动器，可能会影响与钢管有连接的构件，宜慎用。

其他作业要点，请参阅"3.3.3　1. 竖向构件的浇筑。"

浇筑至钢管上表面时，可按 4.3.2　2. 第⑧点处理。

4. 钢管混凝土施工实例[23]

新中国大厦 48 层，总高度 200m，为钢筋混凝土框剪结构。地下室至 24 层为 24 根圆形钢管混凝土柱，24 层以上为方形钢管混凝土柱。

钢管有 $\phi 900\mathrm{mm} \sim \phi 1400\mathrm{mm}$ 等 6 种规格。钢管安装时用定位器安装，如图 4 - 21。上下段钢管的连接如图 4 - 22。

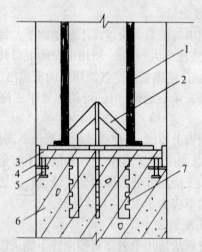

图 4 - 21　定位器的安装

1—钢管；2—定位器；3—槽钢；

4—预埋件；5—调平螺栓；

6—人工挖孔桩；7—锚固的钢板齿形脚

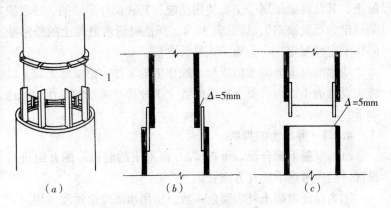

图 4 - 22　钢管连接构造措施

(*a*) 钢管接驳装置图；(*b*) 管径上小下大的连接图；

(*c*) 相同管径的连接图

由于钢管直径大，管壁厚，有足够的刚度，因此钢管吊装就位后，不立即浇筑混凝土，逐层往上安装，待楼板混凝土浇筑完成后，才浇筑钢管混凝土。

钢管混凝土浇筑前，掀开顶上覆盖钢板，对钢管内部逐根进行检查、清理、排除积水。原拟采用高抛无振捣浇筑法，经试验证明，高抛时混凝土被钢管内牛腿碰撞散开，造成粗骨料与砂、浆分布不均，气泡多，达不到要求。故采用串筒向管内浇筑，串筒下端距管内混凝土面不大于 2m。用高频振动器振捣，随浇随升。效果较高较好。

4.4　清水混凝土

清水混凝土是指对浇筑的混凝土外观质量有较高要求的混凝土，其组合材料、工作性、强度等与普通混凝土没有本质的区别，但对外观的要求甚为严格。《混凝土结构工程施工质量验收规范》（GB 50204—2002）中强调："对于具有装饰效果的清水混凝土，其装饰效果属于主要使用功能，其表面外形缺陷、外表缺陷确定为严重缺陷"，详见表3-4。规范对清水混凝土的外形缺陷作了定性规定，应为施工人员所重视。

清水混凝土表面看似混凝土操作工的工作，但实际上却是以施工设计为主、与混凝土施工的各个工种都有关系的工作。分述如下：

4.4.1　混凝土的拌制

（1）混凝土配合比，可按"2　混凝土的制备"的介绍进行设计。但应考虑下述几方面：

①为保证混凝土外表颜色一致，所用水泥应全过程使用同一厂生产的同一品种、同一强度、同一批号的水泥。

②不得掺用粉煤灰，免致影响外表颜色不一致。

③为了保证外表砂浆饱满，砂率可超过40%，通常用42%～45%。

（2）混凝土搅拌

为了水泥能均匀地包裹粗、细骨料，建议采用2.3.3中的造壳混凝土搅拌工艺。如条件不具备时，搅拌时间应延长1～2min。

如采用商品混凝土，应在供应合同上注明清水混凝土要求的四个同一和不得掺用粉煤灰的要求。强调供应商的责任。

4.4.2　模板的制作、安装

①模板的材料可以采用钢模板或用高强覆塑木胶合板或竹胶板。板面必须平滑无锈斑。

②安装前应将模板的旧浆清洗干净，再涂脱模剂。脱模剂应为透明的无杂色无沉渣的液态料。

③墙体应尽量使用大模板，减少拼缝。

④模板的安装和拆除，均应先试行操作。使用中不得将模板的边角撬坏，也不得伤及已浇筑好的外表面。

⑤模板安装时，所有拼缝应用粘胶纸封口，以防漏浆。

⑥梁、柱、墙等的阴阳角，可采取多种措施进行处理，以避

免漏浆，或避免碰撞崩角。如图4-23，（a）为阴角部位，较简单措施是在交角处粘贴粘胶纸，或加三角形木线条；图4-23（b）为阴角部位，在交接处用削边木条压角，较为牢靠。

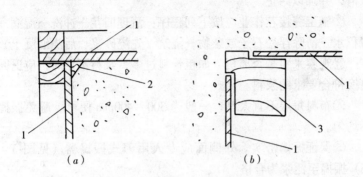

图4-23 阴阳角模板的处理
1—模板；2—三角形木线条；3—削边木压条

4.4.3 保护层的设置

清水混凝土钢筋保护层的设置，为杜绝锈色，不应采用焊接短钢筋作垫块。如用塑胶垫块，也难避免斑斑点点的胶痕颜色；如用传统的方型水泥垫块，露出的痕迹较大。可改用半圆形垫块，如图4-24。因其圆形，混凝土容易将垫块垫离模板。则其外露痕迹较小，且因用水泥砂浆制作，其颜色较接近，可以推广。

图4-24 半圆形水泥垫块

4.4.4 混凝土的浇筑

混凝土的浇筑除按常规操作外，应着重注意下列技巧：

①浇筑前检查模板的边、缝有无透光缝隙，有无混凝土旧浆未清，并加以纠正。

②施工缝接茬作业应按下列程序：清理旧茬→冲洗→湿润→清积水→清除浮松石子或杂物→浇筑（先浇砂浆、后浇混凝土）。

③观察来料是否离析，如粗骨料过多，浆料不足时，应退回更换符合要求的浆料。

④布料每层不宜太厚，一般为 300～400mm 便可。避免振捣不均匀。

⑤保证振捣密实。外侧面应专人用刀式振捣器（见图 3－36）振捣至泛浆为合格。

⑥如因故停歇，不宜太久，须符合表 3－8 的时间要求，也应对新旧茬口多作振捣，避免出现接缝痕迹。

⑦各种预埋件、电器开关插座等应预先埋置，后浇筑。

⑧柱墙的施工缝可参照图 3－58（a）位置留茬，模板的装置可参考图 4－25 处理。

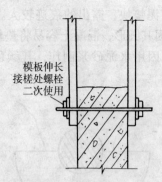

模板伸长
接槎处螺栓
二次使用

图 4－25　施工缝模板的装置

附：清水混凝土浇筑技巧实例

现摘录北京报觉寺小区商住楼清水混凝土主要施工技术：

（1）模板

本工程重点抓了模板环节。

①梁、柱模板均采用特制钢模。面板用 6mm 厚的钢板，加劲板用 50mm × 6mm 扁钢，边框用 50mm × 50mm × 5mm 的角钢。在角钢侧肋用 φ16mm 螺栓开孔连接，间距 300mm。

②为保证清水墙体要求，避免阴阳角不正、不垂直、吃模、涨模、表面平正度差、易变形等观感质量，墙体采用钢制大模板。面板厚 6mm；加劲肋用 100mm × 48mm × 5mm 的槽钢；间距以 300mm 为模数，最大不超过 120mm。

③门窗洞口模板为角钢活角连接，保证了洞口模板装拆灵活，洞口混凝土阴角方正和阳角完整。

④所有钢板模之间用海绵条或橡胶条垫缝，以保证不漏浆。

（2）混凝土浇筑

①墙、柱浇筑前，先行清理底部，并用与混凝土同品质、同强度、同颜色的砂浆垫底，避免露石或夹砂。

②混凝土投料时，分层投料，分层振捣，力避离析。

③在预留洞或门窗框位投料时，应先检查底部是否饱满，或在窗台底板留气孔泄气。底部浇筑完后，方可在两侧同时投料，此时应均匀对称下料，对称振捣，避免位移。

④梁、柱节点交接处的混凝土，粗骨料宜用小粒径石子，配合比相同，用小直径振动棒振捣，达到饱满、沉实、泛浆、无气泡便可。

⑤留置施工缝时，不得留斜茬。

⑥梁板按通常操作法施工。

4.5　轻骨料混凝土

轻骨料混凝土，是指用天然或人工制成的轻骨料代替砂、石制成的混凝土。其优点一是容重轻，每 m³ 重量 800～1900kg；二是导热系数低、保温性好，可作为节约能源的墙体材料或保温材料；三是由于骨料多孔隙，与水泥的黏结性能好，有一定的强度，也可作一般的承重结构；四是由于自重轻，在地震时所受的地震力小，振动波传动慢，对冲击能量吸收快，减震效果好。此外，耐火等级比普通混凝土稍高。这些优点，使轻质混凝土日渐为人们所重视，美国休斯顿贝壳广场52层高的大厦，就是于1969年用轻骨料混凝土建成的。

但是，轻骨料混凝土也有缺点，一是抗拉强度低和弹性模量低；二是易收缩和变形。我们在浇筑和养护它时，应予注意。

4.5.1 轻骨料混凝土的种类

轻骨料混凝土有4种分类法：

1. 以细骨料划分：全部用轻砂、轻骨料配成的，叫全轻混凝土；以普通砂和轻骨料配成的，叫砂轻骨料混凝土。

2. 按粗骨料种类划分，如表4-14。

轻骨料混凝土按粗骨料种类的分类 表4-14

分类名称	粗骨料种类	粗骨料名称
工业废料轻骨料混凝土	由工业废料为原料加工而成的轻骨料	1. 粉煤灰陶粒 2. 自然煤矸石 3. 膨胀矿渣珠
天然轻骨料混凝土	由天然形成的多孔岩石经加工而成的粗骨料	1. 浮 石 2. 火山灰渣 3. 多孔凝灰岩 4. 珊瑚岩
人造轻骨料混凝土	以地方材料加工而成的轻骨料	1. 黏土陶粒 2. 页岩陶粒 3. 膨胀珍珠岩

3. 按轻骨料混凝土用途划分，如表4-15。

4. 按轻骨料混凝土的密度划分，如表4-16。

轻骨料混凝土按用途分类   表 4－15

分类名称	混凝土强度等级的合理范围	混凝土密度等级的合理范围	用　　途
保温轻骨料混凝土	CL5.0	800	主要用于保温的围护结构或热工构筑物
结构保温轻骨料混凝土	CL5.0 CL7.5 CL10 CL15	800～1400	主要用于既承重又保温的围护结构
结构轻骨料混凝土	CL15 CL20 CL25 CL30 CL35 CL40 CL45 CL50	1400～1900	主要用于承重构件或构筑物

轻骨料混凝土按密度等级划分   表 4－16

密度等级	干表观密度的变化范围 （kg/m³）	密度等级	干表观密度的变化范围 （kg/m³）
800	760～850	1400	1360～1450
900	860～950	1500	1460～1550
1000	960～1050	1600	1560～1650
1100	1060～1150	1700	1660～1750
1200	1160～1250	1800	1760～1850
1300	1260～1350	1900	1860～1950

注：干表观密度原称干容重。

4.5.2　轻骨料混凝土的制备

1. 材料

（1）水泥

本书 2.1.1 所列的 5 种常用水泥，均可使用。

（2）细骨料

细骨料分为两类，一为普通砂子，其要求见 2.1.2；二为轻砂，其品质与粗轻骨料相同，但其粒径应小于 5mm，堆积密度应小于 1200kg/m³。

（3）粗轻骨料

1）粒型　分为 3 种：

①圆球型　有粉煤灰陶粒，黏土陶粒和页岩陶粒。

②普通型　其原材料经破碎加工而非圆球形状的，有页岩陶粒、膨胀珍珠岩等。

③碎石型　由天然轻骨料或多孔烧结加工破碎而成的，如浮石、煤渣等。

2）使用上的要求

①保温构造用的轻粗骨料，其最大粒径不宜大于 40mm。用于结构混凝土的轻粗骨料，其最大粒径不宜大于 20mm。

②轻粗骨料的级配要求如表 4 – 17。

轻粗骨料的级配　　　　　　　　　　　　　　表 4 – 17

筛孔尺寸	d_{min}	$\frac{1}{2}d_{max}$	d_{max}	$2d_{max}$
	累计筛余（按重量计，%）			
圆球型的及单一粒级	≥90	不规定	≤10	0
普通型的混合级配	≥90	30～70	≤10	0
碎石型的混合级配	≥90	40～60	≤10	0

注：①表中符号，d_{min}最小粒径，d_{max}最大粒径；

②细骨料的要求：（1）细度模数不宜大于 4.0；（2）粒径大于 5mm 的筛余量不宜大于 10%；（3）如使用天然砂，按 2.1.2 的要求。

③轻粗骨料堆积密度的要求如表 4 – 18。

3）轻粗骨料的强度

轻粗骨料的强度以筒压强度或强度等级表示。筒压强度是指轻粗骨料按一定的填充系数放置在承压筒内，按一定的速度施压，在压缩行程为 20mm 时的单位压力值。强度等级是指轻粗骨料在一定的配合比下制成砂轻混凝土后的单位压力值。各级密度轻粗骨料的筒压强度或强度等级应不少于表4－19的规定。

轻骨料的堆积密度 表4－18

密 度 等 级		堆积密度范围
轻 粗 骨 料	轻 砂	（kg/m³）
300	—	210～300
400	—	310～400
500	500	410～500
600	600	510～600
700	700	610～700
800	800	710～800
900	900	810～900
1000	1000	910～1000
—	1100	1010～1100
—	1200	1110～1200

注：实际堆积密度的变异系数：圆球型和普通型不应大于0.10，碎石型不应大于0.15。

各级轻粗骨料的强度指标 表4－19

密度等级	筒压强度 f_a（N/mm²）不小于		强度标号 f_{ak}（N/mm²）不小于	
	碎石型	普通和圆球型	普通型	圆球型
300	0.2/0.3	0.3	3.5	3.5
400	0.4/0.5	0.5	5.0	5.0
500	0.6/1.0	1.0	7.5	7.5
600	0.8/1.5	2.0	10	15
700	1.0/2.0	3.0	15	20
800	1.2/2.5	4.0	20	25
900	1.5/3.0	5.0	25	30
1000	1.8/4.0	6.5	30	40

注：碎石型天然轻骨料取斜线以左值；其他碎石型轻骨料取斜线以右值。

4）轻粗骨料中有害物质含量的限值，如表4-20。

轻骨料中有害物质含量　　　　表4-20

项　目　名　称	指　标（不大于）
抗冻性（D_{15}，重量损失，%）	5
安定性（煮沸法，重量损失，%）	5
烧失量，轻粗集料（重量损失，%）	4
轻　　砂（重量损失，%）	5

2. 轻骨料混凝土配合比的设计

轻骨料混凝土配合比设计的方法，砂轻混凝土宜采用绝对体积法设计，全轻混凝土宜采用松散体积法设计。水泥、砂材料均以干燥状态为计量标准。

（1）设计的基本参数

1）配制强度　配制强度的计算式，可参照式（2-2）。其中强度标准差 σ 如无资料计算时，可参照表2-10取值。

2）水泥品种和强度等级的选择，如表4-21。

3）水泥用量的确定，可参照表4-22。

轻骨料混凝土合理水泥品种和强度等级的选择　　表4-21

混凝土强度等级	水泥强度等级	水泥品种
< CL20	32.5	火山灰质硅酸盐水泥
CL20 CL25 CL30	42.5	矿渣硅酸盐水泥 粉煤灰硅酸盐水泥 普通硅酸盐水泥
CL30 CL35 CL40 CL45 CL50	52.5（或62.5）	矿渣硅酸盐水泥 普通硅酸盐水泥 硅酸盐水泥

轻骨料混凝土的水泥用量（kg/m³）
表 4 - 22

混凝土试配强度（N/mm²）	轻骨料密度等级						
	400	500	600	700	800	900	1000
< 5.0	260 ~ 320	250 ~ 300	230 ~ 280				
5.0 ~ 7.5	280 ~ 360	260 ~ 340	240 ~ 320	220 ~ 300			
7.5 ~ 10		280 ~ 370	260 ~ 350	240 ~ 320			
10 ~ 15			280 ~ 350	260 ~ 340	240 ~ 330		
15 ~ 20			300 ~ 400	280 ~ 380	270 ~ 370	260 ~ 360	250 ~ 350
20 ~ 25				330 ~ 400	320 ~ 390	310 ~ 380	300 ~ 370
25 ~ 30				380 ~ 450	370 ~ 440	360 ~ 430	350 ~ 420
30 ~ 40				420 ~ 500	390 ~ 490	380 ~ 480	370 ~ 470
40 ~ 50					430 ~ 530	420 ~ 520	410 ~ 510
50 ~ 60					450 ~ 550	440 ~ 540	430 ~ 530

注：①表中横线以上为采用42.5强度等级水泥时的水泥用量值；横线以下为采用52.5强度等级水泥时的水泥用量值。

②表中下限值适用于圆球型和普通型轻粗骨料；上限适用于碎石型轻粗骨料及全轻混凝土。

③最高水泥用量不宜超过550kg/m³。

④如配制低强度混凝土无法找到低强度水泥时，可以采用较高强度水泥掺用火山灰质掺合料。其掺量通过试验确定，以保证稠度和强度。

4）水灰比　轻骨料混凝土的最大水灰比和最小水泥用量如表 4 - 23。

5）稠度及净用水量　用水量分为净用水量和总用水量。净用水量是指搅拌时的用水量；总用水量是净用水量加轻粗骨料预湿 1h 时的吸水量。表 4 - 23 所指的水灰比是净水灰比。施工所需要的稠度影响净用水量，其数值如表 4 - 24。

6）砂率　轻骨料混凝土的砂率是以体积表示，用密实体积或松散体积均可。通常在表 4 - 25 的范围内选用。

轻骨料混凝土的最大水灰比和最小水泥用量　　表 4－23

混凝土所处的环境条件	最大水灰比	最小水泥用量（kg/m³）	
		配筋的	无筋的
不受风雪影响的混凝土	不作规定	250	225
受风雪影响的露天混凝土；位于水中及水位升降范围内的混凝土和在潮湿环境中的混凝土	0.7	275	250
寒冷地区位于水位升降范围内的混凝土和受水压作用的混凝土	0.65	300	275
严寒地区位于水位升降范围内的混凝土	0.60	325	300

注：①水泥用量不包括掺合料。
　　②寒冷地区指冬季月平均温度处在 $-15 \sim -5$℃之间的地区；严寒地区指最冷月份的平均温度低于 -15℃的地区。

轻骨料混凝土用水量　　表 4－24

轻骨料混凝土用途	稠度		净用水量（kg/m³）
	维勃稠度（s）	坍落度（mm）	
预制混凝土构件			
（1）振动台成型	5～10	0～10	155～180
（2）振捣棒或平板震动器振实	—	30～50	165～200
现浇混凝土（大模、滑模）			
（1）机械振捣	—	50～70	180～210
（2）人工振捣或钢筋较密的	—	60～80	200～220

注：①表中值适用于圆球型和普通型轻粗骨料，对于碎石型轻粗骨料需按表中值增加 10kg 左右的用水量；
　　②表中值适用于砂轻混凝土，若采用轻砂时，需取轻砂 1h 吸水量为附加水量；若无轻砂吸水率数据时，也可适当增加用水量，最后按施工稠度的要求进行调整。

轻骨料混凝土的砂率 表 4 – 25

轻骨料混凝土用途	细骨料品种	砂 率（％）
预制构件用	轻 砂	35～50
	普通砂	30～40
现浇混凝土用	轻 砂	—
	普通砂	35～45

注：①当细骨料采用普通砂和轻砂混合使用时，宜取中间值，并按普通砂和轻砂的混合比例进行插入计算。
②采用圆球型轻粗骨料时，宜取表中值下限；采用碎石型时，则取上限。

7）松散体积的比值　当采用松散体积法设计配合比时，粗细骨料松散状态的总体积与绝对体积的比值，如表 4 – 26。

粗细骨料松散状态的总体积之比值 表 4 – 26

轻粗骨料粒型	细骨料品种	粗细骨料总体积（m³）
圆球型	轻 砂	1.25～1.50
	普通砂	1.20～1.40
普通型	轻 砂	1.30～1.60
	普通砂	1.25～1.50
碎石型	轻 砂	1.35～1.65
	普通砂	1.30～1.60

注：①当采用膨胀珍珠岩砂时，宜取表中上限值；
②混凝土强度等级较高时，宜取表中下限值。

（2）配合比设计程序

1）确定基本参数

①根据设计强度和强度标准差，按式（2 – 2）计算配制强度 $f_{cu,0}$；

②根据配制强度，按表 4 – 21 确定水泥品种和强度等级；

③根据配制强度和轻粗骨料的密度等级，按表 4 – 22 选择水

泥用量;

④根据混凝土的坍落度，按表 4 – 24 选择确定净用水量;

⑤根据混凝土的用途和细骨料品种，按表 4 – 25 确定砂率;

⑥用体积法计算粗细骨料的用量。

2) **骨料用量的计算**

上述基本参数已解决了水泥和净用水量的用量和砂率的指标，配合比的计算只缺粗细骨料的用量。其计算式如下:

①细骨料体积的计算如式 (4 – 3);

②细骨料重量的计算如式 (4 – 4);

③粗骨料体积的计算如式 (4 – 5);

④粗骨料重量的计算如式 (4 – 6)。

$$V_s = \left[1 - \left(\frac{m_c}{\rho_c} + \frac{m_{wn}}{\rho_w} \right) \div 1000 \right] \cdot S_p \qquad (4 – 3)$$

$$m_s = V_s \cdot \rho_s \cdot 1000 \qquad (4 – 4)$$

$$V_a = \left[1 - \left(\frac{m_c}{\rho_c} + \frac{m_w}{\rho_w} + \frac{m_s}{\rho_s} \right) \div 1000 \right] \qquad (4 – 5)$$

$$m_a = V_a \cdot \rho_{ap} \qquad (4 – 6)$$

式中　　V_s——细骨料的体积 (m^3/m^3);

m_s——细骨料的用量 (kg/m^3);

m_c——水泥用量 (kg/m^3);

m_{wn}——净用水量 (kg/m^3);

S_p——砂率 (%);

V_a——轻粗骨料的体积 (m^3/m^3);

m_a——轻粗骨料的用量 (kg/m^3);

ρ_c——水泥的相对密度;

ρ_w——水的密度，取 1.0;

ρ_s——细骨料的密度，根据测定;

ρ_{ap}——轻粗骨料的颗粒表观密度。

3) 复核

将计算所得结果，按式（4-7）计算混凝土的干表观密度（ρ_{cd}），并与原设计要求的干表观密度等级（表4-16）的变化范围进行对比，如其误差大于3%，则应重新调整和计算配合比。

$$\rho_{cd} = 1.15 m_c + m_a + m_s \qquad (4-7)$$

（3）综合例题

某住宅工程，采用现浇粉煤灰陶粒混凝土墙体，设计强度为CL20级，密度等级为1600kg/m³，坍落度要求为50mm，粉煤灰陶粒最大粒径为15mm，细骨料为天然河砂，细度模数为2.7~3.0，请设计轻骨料混凝土配合比。

解题步骤：

1）各项基本参数的确定

①轻粗骨料堆积密度 $\rho_{ia} = 750$kg/m³，表观密度 $\rho_{ap} = 1250$kg/m³；

筒压强度 = 4.0N/mm²，1h 的吸水率为16%；

②河砂堆积密度 $\rho_{is} = 1450$kg/m³，密度 $\rho_s = 2600$kg/m³；

③配制强度，设 $\sigma = 5.0$N/mm²，按式（2-2）计算，

$$f_{cu0} = 20 + 1.645 \times 5.0 = 28.225 \ (\text{N/mm}^2)$$

④按表4-21，确定强度等级为42.5N/mm² 的普通水泥；

⑤查产品说明书，得水泥相对密度 $\rho_c = 3.1$；

⑥查表4-22，确定水泥用量为330kg/m³；

⑦查表4-24，确定净用水量为185kg/m³；

⑧查表4-25，确定砂率为35%；

2）运算

①砂的体积及重量，按式（4-3）、（4-4）：

$$V_s = \left[1 - \left(\frac{330}{3.1} + 185 \right) \div 1000 \right] \times 35\%$$

$$= 0.248 \ (\text{m}^3/\text{m}^3)$$

$$m_s = 0.248 \times 2600$$

$$= 644.8 \ (\text{kg/m}^3)$$

②陶粒的体积及重量,按式 (4-5)、(4-6):

$$V_a = 1 - \left(\frac{330}{3.1} + 185 + \frac{644.8}{2.6} \right) \div 1000$$

$$= 0.4605 \ (m^3)$$

$$m_a = 0.4605 \times 1250$$

$$= 575.6 \ (kg/m^3)$$

3) 复核

按式 (4-7) 复核设计结果是否与设计要求相符。

$$\rho_{cd} = 1.15 \times 330 + 644.8 + 575.6$$

$$= 1599.9 \ (kg/m^3)$$

结论:符合表 4-16 的要求。

4) 试配及调整

送当地建筑质量检测站检测。

(4) 参考资料

为便于进行轻骨料配合比设计参考,将《轻集料混凝土技术规程》(JGJ 51—90) 的附录一转录于表 4-27,以供参考。

3. 轻骨料混凝土的拌制

(1) 计量

①一般提前一天或半天对轻粗骨料淋水预湿。但在气温低于 5℃时则不宜预湿。

②骨料的含水率在搅拌前应测定 1 次;在搅拌过程中可抽查 1 次;在发现混凝土过干或过湿时可抽查 1 次。

③砂轻混凝土以重量计量。

④全轻混凝土中的轻骨料可以折算成体积计量,其他水泥、外加剂和水,仍应按重量计量。

⑤计量的允许误差:水泥、水和外加剂为 ±2%,粗细骨料和掺合料为 ±3%。

(2) 搅拌

①因自落式搅拌机容易使轻骨料自相撞击破碎,应按下列要求采用:

轻　粗　骨　料			细　骨　料		轻骨料混凝土	
品种	密度等级	筒压强度 （N/mm²） 不小于	品种	堆积密度 （kg/m³）	表观密度 （kg/m³）	强度等级
浮石或 火山渣	400	0.4	轻砂	< 250	800 ~ 1000	CL3.5 ~ CL5.0
	400	0.4	普砂	1450	1200 ~ 1400	CL5.0 ~ CL7.5
	600	0.8	轻砂	< 900	1400 ~ 1600	CL7.5 ~ CL10
	600	0.8	普砂	1450	1600 ~ 1800	CL10 ~ CL15
	800	2.0	轻砂	< 250	1000 ~ 1200	CL7.5 ~ CL10
	800	2.0	普砂	1450	1600 ~ 1800	CL10 ~ CL25
页　岩 陶　粒	500	1.0	轻砂	< 250	< 1000	CL5.0 ~ CL7.5
	500	1.0	轻砂	< 900	1000 ~ 1200	CL7.5 ~ CL10
	500	1.0	普砂	1450	1400 ~ 1600	CL10 ~ CL15
	800	4.0	轻砂	< 250	1000 ~ 1200	CL7.5 ~ CL10
	800	4.0	轻砂	< 900	1400 ~ 1600	CL10 ~ CL20
	800	4.0	普砂	1450	1600 ~ 1800	CL20 ~ CL25
粘土 陶　粒	500	1.0	轻砂	< 250	800 ~ 1000	CL5.0 ~ CL7.5
	500	1.0	轻砂	< 900	1000 ~ 1200	CL7.5 ~ CL10
	500	1.0	普砂	1450	1400 ~ 1600	CL10 ~ CL15
	600	2.0	轻砂	< 250	1000 ~ 1200	CL7.5 ~ CL10
	600	2.0	轻砂	< 900	1200 ~ 1400	CL10 ~ CL15
	600	2.0	普砂	1450	1400 ~ 1600	CL10 ~ CL20
	800	4.0	轻砂	< 250	1200 ~ 1400	CL10
	800	4.0	轻砂	< 900	1400 ~ 1600	CL10 ~ CL20
	800	4.0	普砂	1450	1600 ~ 1900	CL20 ~ CL40
粉煤灰 陶　粒	700	3.0	轻砂	< 250	1000 ~ 1200	CL7.5 ~ CL10
	700	3.0	轻砂	< 900	1400 ~ 1600	CL10 ~ CL20
	700	3.0	普砂	1450	1600 ~ 1800	CL20 ~ CL25
	900	5.0	轻砂	< 250	1200 ~ 1400	CL10
	900	5.0	轻砂	< 900	1600 ~ 1800	CL10 ~ CL20
	900	5.0	普砂	1450	1700 ~ 1900	CL20 ~ CL50
自　然 煤矸石	1000	4.0	轻砂	< 250	1200 ~ 1400	CL7.5 ~ CL10
	1000	4.0	轻砂	< 1200	1400 ~ 1600	CL10 ~ CL15
	1000	4.0	普砂	1450	1800 ~ 1900	CL15 ~ CL30
膨　胀 珍珠岩	400	0.5	轻砂	< 250	800 ~ 1000	CL5.0 ~ CL7.5
	400	0.5	普砂	1450	1200 ~ 1400	CL10 ~ CL20

全轻混凝土宜采用强制式搅拌机；

干硬性的砂轻混凝土和堆积密度在 500kg/m³ 以下的轻粗骨料砂轻混凝土，宜采用强制式搅拌机；

堆积密度在 500kg/m³ 以上的轻粗骨料的塑性砂轻混凝土，可采用自落式搅拌机。

②轻骨料混凝土，可按图 4-26 的投料次序投料拌制。其中（a）为粗骨料预湿处理的流程，（b）为粗骨料未经预湿处理的流程。

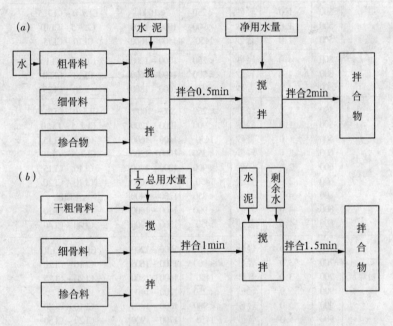

图 4-26　轻骨料混凝土搅拌工艺流程

注：1. 用自落式搅拌机时，全部加料完毕后的拌合时间宜增加 1min；

　　2. 当拌制全轻或干硬性砂轻混凝土时，全部加料完毕后的拌合时间应适当增加 1.0~1.5min，但总拌合时间不宜大于 5min；

　　3. 粗骨料不采取预湿处理时，粉状外加剂加入后，适当延长搅拌时间 0.5~1.0min；

　　4. 采用卧轴强制式搅拌机时，拌合时间可适当减少。

③对强度低而易于破碎的轻骨料，搅拌时应严格控制搅拌时间。

④外加剂应在轻骨料吸水后加入。如用预湿粗骨料时，粉状外加剂可制成液状外加剂，液状外加剂应与剩余水同时加入。如粉状外加剂不制成液状时，粉状外加剂应与水泥先行拌匀，同时加入。

⑤搅拌后交付使用的轻骨料混凝土，每台班最少应抽样检查一次，内容为坍落度、密度（重量）和强度试件。

⑥搅拌后应即交付运送，尽量缩短运输路程和时间；运送的工具应力求平稳，避免振动，避免离析。如运抵浇筑场所发现有离析时，应进行人工二次拌和。

⑦由出机至浇筑的延续时间，不宜超过 45min。如预计将会超过时，应从各方面设法缩短时间。

4.5.3 轻骨料混凝土的浇筑

轻骨料混凝土的浇筑工艺基本上与普通混凝土相同，对其浇筑特点补充如下：

①现浇墙体时，浇筑层每次宜控制在 500mm 以内。

②拌合物倾落高度不宜大于 2m。如限于条件必须超高时，应采用串筒、溜槽等工具，避免离析。

③振捣时应采用插入式振动器，可在模板外用木槌拍打。

④对流动性较大的轻骨料混凝土非承重构件、保温类构件，可用人工捣插。但严格要求外表面平正饱满，操作时要注意外部捣插。

⑤插入式振动器的振点间距应比普通混凝土稍小，不应大于其作用半径。

⑥振捣时间一般比普通混凝土稍短，但应视构件形状或部位而定，较为复杂部位宜适当延长。但不宜大于 30s。应避免砂子下坠、轻骨料上浮。

⑦在厂内预制墙板时，因脱模较困难，不宜用平模生产。宜用成组立模、用振动台振捣。与普通混凝土相比，轻骨料混凝土

的振幅宜小，时间宜稍短。

⑧如保温类构件出现缺陷，允许用原配合比的砂浆修补。结构类构件出现缺陷，应视所在部位，按普通混凝土构件要求进行处理。

⑨现浇墙体构件应挂帘保温保湿养护。养护期与普通混凝土相同。

4.6 无砂大孔混凝土

4.6.1 发展概况

顾名思义，无砂大孔混凝土，就是无砂子的混凝土。其重量一般在 1500 ~ 1900kg/m³ 范围内。它具有下列优点：

1. 重量轻，可减轻建筑物的自重，降低结构上的负荷，节约基础的工程费。

2. 作为多孔混凝土，其强度等级虽然不高，但仍能用作低强度的墙体、地坪等。

3. 用作墙体材料时，既隔热、保温，还有隔声功能。

4. 用作地坪材料时，因其没有毛细管作用，因而可切断水的渗透路径，特别是在地下水位较高的地区，用它作地坪，可使室内保持干燥，同时防止地下水渗入墙体。

5. 水泥只作为黏结粗骨料用，用量小，因而可节约水泥。

6. 用作墙体，墙面布满了蜂窝状小洞，做抹面工作时，抹面胶泥嵌入小孔内，可使抹面层黏结牢固。

7. 因不用砂子，简化了搅拌工艺。

由于具有上述优点，19 世纪中叶已开始被英国人作墙体材料。20 世纪在欧洲、南非等地逐步推广。英国已建成多层和高层的钢筋混凝土框架、无砂大孔混凝土墙体的结构体系。

20 世纪中叶，我国开始进行无砂大孔混凝土的研究，并逐步在四川、贵州、上海等省市推开。1982 年，同济大学建成了一幢 13 层的宿舍大楼。

无砂大孔混凝土的设计施工规程，目前还没有国家标准，但国内一些企业已制订了相应的标准。

4.6.2 材料

1. 水泥

建筑上常用的 5 种水泥，均可使用。已完成的工程多用普通水泥或硅酸盐水泥。目的是取其黏结强度高。

无砂大孔混凝土由于无砂，粗骨料与粗骨料之间的啮合作用较弱，其强度主要靠水泥的胶结功能，因而所需水泥的强度等级要高一些。通常要求水泥强度等级为 42.5MPa 和 52.5MPa。

2. 粗骨料

粗骨料为一般常用的粗骨料。可以是碎石、卵石，或用轻粗骨料，如粉煤灰陶粒、黏土陶粒、膨胀矿渣、浮石、碎砖或炉渣等。强度要求不高，但规格要求单一粒级，粒形比较规整。所需粗骨料的粒径，应视构件的尺寸而定。厚度为 220～250mm 的墙体，宜用 10～20mm 或 10～30mm 的单一粒级，不宜使用小于5mm 或大于 40mm 的粒级。其针片状的颗粒含量，应小于 15%。

3. 其他材料

水，与一般混凝土相同。

外加剂和掺合料，一般不用，但在冬期施工需加速水泥的硬化时，可掺用一些早强剂。

4.6.3 无砂大孔混凝土的配合比

无砂大孔混凝土的配合比，在国外多采用查表法。我国有关部门也通过试验制出参考性配合比。表 4－28 为卵石无砂大孔混凝土的配合比。表 4－29 是四川省建筑科学研究院根据当地资源情况编制的。已应用于许多住宅的地坪，效果比较理想。

表 4－30 为碎石无砂大孔混凝土的配合比。表 4－31 为中国建筑第四工程局科研所为贵州地区无砂大孔混凝土编制的。并在遵义地区应用，建造了许多试验性建筑。其间，还将无砂大孔混凝土应用于滑模施工，研制了"无砂大孔混凝土——滑模施工体系"。

卵石无砂大孔混凝土配合比　　　　　表 4 – 28

混凝土种类	水泥:粗骨料 （体积比）	水灰比	水泥用量 （kg/m³）	抗压强度 （MPa）	堆密度 （kg/m³）	导热系数 （W/m·k）	收缩率 （%）
无砂大孔 混凝土	1:6	0.38	259	14.6	1999	—	—
	1:8	0.41	193	9.6	1913	—	0.018
	1:10	0.45	155	7.2	1862	0.74	0.019
普通混凝土	1:3:6	0.40	250	35.0	2550	1.4	0.035

卵石无砂大孔混凝土参考配合比　　　　　表 4 – 29

序号	水泥用量 （kg/m³）	水灰比	石子用量 （kg/m³）	混凝土堆密度 （kg/m³）	抗压强度 （MPa）	抗拉强度 （MPa）	抗折强度 （MPa）	棱柱强度 （MPa）
1	80	0.50	1540	1660	1.55	0.31	0.90	1.82
2	100	0.47	1554	1701	3.32	0.38	0.99	2.36
3	120	0.43	1553	1705	4.86	0.50	1.21	2.96
4	140	0.40	1539	1735	5.39	0.57	1.25	3.11
5	160	0.40	1555	1779	6.13	0.58	1.57	3.68
6	180	0.38	1540	1788	6.41	0.70	1.65	4.71
7	200	0.37	1504	1778	8.63	0.79	1.80	5.56
8	220	0.35	1508	1805	7.72	0.88	1.89	5.61

注：卵石的实堆密度为 1588kg/m³。

碎石无砂大孔混凝土配合比　　　　　表 4 – 30

水泥:粗骨料 （体积比）	水灰比	水泥用量 （kg/m³）	龄期 （d）	堆密度 （kg/m³）	抗压强度 （MPa）
1:6	0.333	259	3	2080	8.3
			7	2080	11.6
			28	2075	15.0
1:7	0.338	223	3	2045	7.1
			7	2042	9.6
			28	2040	12.6
1:8	0.348	194	3	2000	5.7
			7	2000	7.8
			28	1995	10.2

水泥:粗骨料 （体积比）	水灰比	水泥用量 （kg/m³）	龄　　期 （d）	堆密度 （kg/m³）	抗压强度 （MPa）
1:10	0.360	156	3 7 28	1945 1945 1942	4.1 5.6 7.3
1:12	0.372	131	3 7 28	1926 1920 1917	3.2 4.1 5.4
1:15	0.392	104	3 7 28	1890 1888 1887	2.1 2.8 3.6

碎石无砂大孔混凝土参考配合比　　表 4－31

序号	水泥:粗骨料 （体积比）	水灰比	水泥用量 （kg/m³）	堆密度 （kg/m³）	抗压强度 （MPa）
1	1:9	0.40	170	1850	5.5
2	1:10	0.45	150	1800	4.5
3	1:12	0.50	130	1750	3.5
4	1:15	0.55	110	1700	2.5

4.6.4 搅拌

根据试验，无砂大孔混凝土的搅拌，不宜用自落式搅拌机和立轴式强制搅拌机进行搅拌。原因是水泥浆体容易黏结在搅拌鼓筒或箱壁上，而且越结越厚，搅拌效果极差。

我国均采用卧轴强制式搅拌机或砂浆搅拌机。投料时水、水泥和粗骨料同时投入，每次搅拌时间 2～4min。

俄罗斯有搅拌方法：首先用每拌用量的 3～4 倍的水和水泥先拌成浆料后，再投入每拌所需的骨料进行搅拌。这样，就可保证每颗骨料都能有水泥浆包裹。卸料时，将骨料卸在一条有振动的钢丝网槽上，钢丝网槽下有一条收集水泥浆的槽，带浆骨料上的多余浆料会滴集在收浆槽上，再泵回搅拌机内。带浆的骨料即刻输送浇筑到模板内。这种方法能保证拌合物的均匀性，其强度可提高 50% ~ 100%。

该搅拌方法会不会使水泥过早水化呢，事实证明是不会的。重复多次的搅拌反而使水泥浆的活性更高。

4.6.5 浇筑、养护

由于无砂混凝土中无砂，而水泥浆已包裹在骨料外表，就不存在离析问题，所以不需要振捣。

浇筑的方法，因各国使用粗骨料的粒径不同，浇筑方法也不同。英国采用的粗骨料粒径为 10 ~ 30mm，浇筑的方法是高抛免振捣，高抛距离为 7m，靠自重冲击成型。如振捣将会使水泥浆向下流坠，影响上部强度。

俄罗斯所用的粗骨料粒径为 40 ~ 50mm，要求投料高度为 800mm，每层厚度为 200 ~ 300mm。可作轻微的捣固。

我国各地采用的浇筑高度为 1.5m，每层厚度为 200 ~ 300mm，不用振捣。但亦有采用刀式插棒（见图 3 - 36），顺着模板内边往下插，目的是调整一下外表面的边角。也有采用木桩或平底锤，在每层混凝土上轻轻压一压，使表面平正。

浇筑过程中遇到施工缝、预埋件、门窗框等部位，应强调浇料要均匀、对称、饱满。

浇筑结束前，应在面上薄铺一层 5 ~ 10mm 的水泥砂浆层封顶。

无砂大孔混凝土由于孔隙多，水分蒸发快，应重视养护。应在表面上用覆盖物覆盖、浇水、保温养护。

4.7 混凝土施工裂缝防治技巧

混凝土结构的裂缝，按其出现的时间，可分为施工期裂缝、使用期裂缝两类。而施工期中出现的裂缝，又有因模板支撑系统原因和浇筑工艺原因而不同。这里主要讨论的是浇筑工艺所形成的裂缝。

混凝土浇筑的主体是混凝土拌合物，它能直接影响裂缝的出现或不出现。为此，如为自拌混凝土，建议参照第 2 章的造壳混凝土的方法搅拌混凝土。如采用商品混凝土，建议注意：一是在订立供应合同签订订货单时，对混凝土的技术要求应详细注明，尤其是对"其他要求"栏，应根据浇筑方法所需的要求，详细注明。二是在拌合物进场时，应由专人负责按照订货单内容，逐项检验，将结果注明。如有不合格时，应请示技术主管处理。

浇筑裂缝，一般有三种：一是沉降裂缝、二是温差裂缝、三是干缩裂缝。温差裂缝在大体积混凝土中已有介绍，不再重复。

4.7.1 沉降裂缝

1. 沉降裂缝的形成

我们在第 1 章中曾经介绍过混凝土堆聚沉实过程。从图 1 - 4（c）中，可了解到混凝土的上面是泌水层，其次是砂浆层，再下去才是混凝土的实体。可以看出，当泌水层蒸发后，混凝土的上表面是强度较弱的部位。表面裂缝在混凝土未硬化时已开始萌芽，当表面失水速度超过内部水向上表面浮升的速度，造成了毛细管中产生负压时，如遇风速大，太阳直射，温度高而相对湿度低等，表面的裂缝就加速形成，称为塑性裂缝，一般呈极微细的龟裂。同时，由于内部骨料构造不规则，强度有强有弱，外部条件不同等，塑性裂缝的形式有多种，如图 4 - 27 所示。其中，（a）为混凝土与模板相黏结而形成的裂缝；（b）为钢筋支承了上面的混凝土、两旁的混凝土下坠所形成的裂缝；（c）为空心楼板抽芯后空腔下沉所形成的裂缝；（d）为截面相交处因混凝土高低不同沉陷量不同而形成的裂缝。塑性裂缝宽一般为 0.2 ~ 0.5mm。这些裂缝，长短不一，深浅不一。但如不及时治理，则成为干缩裂缝。

2. 控制沉降裂缝的技巧

（1）配合比设计

①用水量控制在 170kg/m³ 以内；

②水灰比在 0.6 以内，不宜太大；

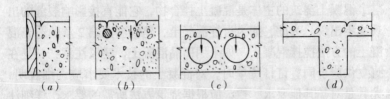

图 4-27 塑性裂缝示意图

(a) 因模板粘滞而出现不均匀下沉的裂缝；(b) 因钢筋或粗骨料
阻挡下沉而出现的裂缝；(c) 因空心楼板空腔下沉而出现的裂缝；
(d) 因混凝土厚度不同、沉降量不同而出现的裂缝

③泵送混凝土的坍落度以能满足泵送便可，不可过大；

④控制凝结时间不宜过迟，过迟易引起沉陷；

⑤为了满足以上4项要求，可以掺用减水剂、高效减水剂或质量好的泵送剂，可以改善工作性，又减少沉陷的可能。但不宜掺用缓凝减水剂；

⑥可选用保水性好的普通硅酸盐水泥；

⑦粗骨料要选用连续级配的石子；

⑧砂要选用偏粗的中砂，细度模数在2.7以上为佳。

(2) 搅拌

①建议按照"2.3.3 搅拌新技巧"采用造壳混凝土的方法搅拌；

②搅拌时间不宜太短，如采用普通搅拌法，可适当延长30~60s。

(3) 浇筑

①浇筑前将模板或基层充分湿透，避免混凝土失水；

②布料不宜过速，应按本书3.2.2的基本操作技巧布料，既防止离析，亦防止堆积成堆；避免难于振捣；

③振捣应求密实，过振则可能分层，每个振点以10~15s为宜；

④梁及楼板同时浇筑时，先浇筑梁，待梁面混凝土沉实（约30min后），如有泌水，应即吸除，再续浇楼板，并进行二次振

捣；

⑤加强压抹工艺，进行二次或三次压抹，在终凝前完成压光工作；

⑥按照现场及气象条件，注意养护，可采取下列措施：

用薄膜、麻袋或湿稻杆、帆布等进行避晒、防风、保湿养护；

采取喷膜养护，使混凝土的蒸发水保留在膜内成为自行养护。

对于楼板或地坪等结构，终凝后可进行蓄水养护。

4.7.2 干缩裂缝

1. 裂缝的形成

混凝土终凝前后由于水分蒸发会引起干燥收缩。混凝土的砂、石骨料基本是无可收缩的，混凝土干燥收缩主要是水泥浆体的收缩。收缩的过程是由外向内逐渐发展的。如不采取措施，将发展成为永久性裂缝，会引起钢筋锈蚀、混凝土碳化而影响耐久性。

混凝土干缩裂缝的成因，除了上述沉陷裂缝未及时修补会引起外，其内在原因与混凝土的材料有关。分列如下：

①水泥干缩率的大小直接影响裂缝的形成，由大到小排列顺序为：矿渣硅酸盐水泥＞普通硅酸盐水泥＞中低热水泥＞粉煤灰水泥。如想减小混凝土的干缩率，可选用粉煤灰水泥或掺用粉煤灰掺合料。

②混凝土的干缩率，与混凝土的水泥用量成正比；与混凝土的用水量也成正比。水泥用量过多、水的用量过多，混凝土的干缩率就大。

③岩石和砂子基本上是不收缩的，因此，石子成型时挤得越紧密，对抵抗干缩有益；配合比中的砂率越大，抵抗干缩的性能就越大。

2. 控制干缩裂缝的技巧

（1）配合比设计

根据上述干缩率与材料的关系，选择可降低干缩率的材料，例如：

选用粉煤灰水泥或中低热水泥，当地无此种水泥时可选用普通硅酸盐水泥；

在可能范围内，提高砂率；

掺用高效减水剂，控制用水量不大于 170kg/m³；

选用 I 级粉煤灰作掺合料，减少水泥用量。

(2) 操作技巧

①采用二次振捣法，使混凝土各种组分黏结得更加紧密；

②多次抹面，及时减灭表面的细裂缝，避免裂缝的发展、扩大；

③控制内外温差（参阅"4.2.2 控制裂缝的技巧"），避免产生新的裂缝；

④在有太阳直晒的板面，要及时覆盖保湿。据测验结果，当混凝土表面水的蒸发量大于 0.5kg/m² 时，混凝土就开始收缩。

⑤每次抹光表面后，应随手重新覆盖；

⑥高层建筑的高层部分，风量较大，阳光较多，应重点注意防风、遮阳、保湿覆盖，或筑埂蓄水，加强养护。

附　录

附录一　混凝土配合比设计拌合物试配、
调整及确定的程序和方法

(一) 试配

混凝土配合比设计完成后必须进行试配。试配的作用是检验配合比是否与设计要求相符。如不符合，应进行调整。

试配工作应注意下列几点：

1）所用的设备及工艺方法应与生产时的条件相同；

2）所使用的粗细骨料应处于干燥状态；

3）每盘的拌合量：当粗骨料粒径≤31.5mm 时，试配量应≥0.015m³；最大粒径为 40mm 时，试配量应≥0.025m³；

4）材料的总量应不少于所用搅拌机容量的 25%；

5）混凝土试配项目次序的安排应为：①稠度；②强度；③用料量。每个项目经过试配、调整符合设计要求后，方可再安排下个项目的试配和调整。

(二) 稠度的调整

1. 检测

稠度的调整应从检测三个项目入手。一是黏聚性，二是泌水性，三是坍落度。

按试配要求拌好拌合物后，可先观测前两个项目：随意取少量拌合物置于手掌内，两手用力将之捏压成不规则的球状物，放手后如拌合物仍成团不散不裂，则黏聚性好。如有水分带有水泥微粒流出，则表示泌水性大。

泌水率的简易检测法，请参阅本书"4.1.3　2.混凝土的泵送"。

坍落度试验，可用坍落度筒法，（见"3.1.2　3.新拌混凝土工作性的检验。）当坍落度筒垂直平稳提起时，筒内拌合物向下坍落，将有4种不同形态出现，如附图–1，其中，（a）为无坍落度或坍落度很小；（b）为有坍落度，用直尺测量其与坍落度筒顶部的高差，为坍落度值，如与设计值相符，便视为合格；（c）则表示砂浆少、黏聚性差；（d）如不是有意拌制大流动性混凝土，则可能坍落度过大。

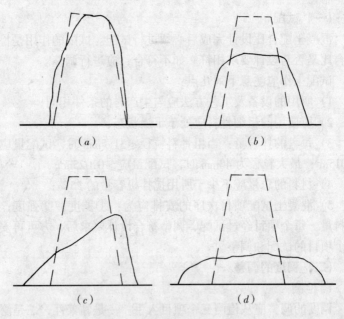

附图–1　拌合物坍落试验后的形状

另外，还可对已坍落拌合物的黏聚性再进行观测，用捣棒轻轻敲击试体的两侧，如试体继续整体下沉，则黏聚性良好；如试体分块崩落或出现离析，表示黏聚性不够好。

对已坍落的试体，可同时做泌水性观测：如有含细颗粒的稀浆水自试体表面流出，则是泌水性较大。

2. 调整

1）坍落度调整

如坍落度如图（a），则拌合物属干硬性混凝土。如坍落度过小，可采取两种措施：一是维持原水灰比，略微增加用水量和水泥用量；二是略为加大砂率。如坍落度过大，也是维持原水灰比，略微减少用水量和水泥用量，或减少砂率。

2）黏聚性调整

黏聚性不好有两种原因，一是粗骨料过多，水泥砂浆不足；二是水泥砂浆过多。应对原配合比仔细分析，针对原因采取措施。

3）泌水性调整

泌水性大，有可能降低混凝土强度，解决措施是减少用水量，但不减水泥。

4）调整幅度

进行调整时，每次调幅应以1%为限。一次未能解决，则多次逐步进行，直至符合要求。调整时，应按前述流程重新计算用量。

稠度调整合格的配合比，亦即是下一个项目强度试验的基准配合比。

（三）强度的检测及调整

强度的检测，是以稠度调整后的基准配合比为对象。

制作强度试件时，应按石子最大粒径选用模型：

当石子最大粒径为 31.5mm 时，用 100mm × 100mm × 100mm 试模；

当石子最大粒径为 40mm 时，用 150mm × 150mm × 150mm 试模；

当石子最大粒径为 60mm 时，用 200mm × 200mm × 200mm 试模；

强度试件制作 3 组，每组 3 块。一组按稠度调整后的基准配合比制作，称为基准组；一组按基准组的水灰比加大 0.05 计算其配合比制作，称为加水基准组；一组按基准组的水灰比减少 0.05 计算其配合比制作，称为减水基准组。

此 3 组试件如时间允许可用 28d 或 3d 的标准养护试件进行对比；亦可按《早期推定混凝土强度试验方法》（JGJ15—83）的方法，用早期强度推定其强度。

试件强度经检测部门检测后，视其检测结果按下列情况处理：

①强度满足 $f_{cu,0}$ 的要求，可选强度稍高于 $f_{cu,0}$ 的一组为强度调整后的基准配合比。

②强度低于 $f_{cu,0}$，按强度较高的一组用降低水灰比的方法进行调整。如强度已比较接近，水灰比降低值可较少；如强度相差较大，则水灰比值可降低 0.05，再制作 3 组试件试验。此时，应同时检测稠度，如稠度已符合要求，则不必减水，但按比例加水泥。直试至强度满足要求。

③强度过高时，如超强幅度不大，就不必调整，即以稠度调整后基准配合比为强度调整后配合比。如超强幅度过大，则用加大水灰比方法进行调整。调整幅度视超强多少而定。如稠度已符合要求，则不加水，按比例减少水泥，按比例补回砂、石，直试至强度接近或稍高于 $f_{cu,0}$。此配合比即为强度调整后基准配合比。

（四）用料量的调整

经过稠度和强度检测后，混凝土的配合比便可确定。式 (2-8) 的材料计算，可以改用表观密度计算值表示，如式 (附-1)：

$$\rho_{c,c} = m_w + m_c + m_s + m_g \qquad \text{（附-1）}$$

但混凝土成型后（例如试件）的表观密度实测值与计算值可能不一致。当出现差异时，应进行调整。其校正系数如式 (附-2)。

当 δ 值的绝对值 < 2% 时，可不进行调整；如 > 2% 时，则应进行调整。

$$\delta = \frac{\rho_{c,t}}{\rho_{c,c}} \qquad (\text{附} - 2)$$

式中　$\rho_{c,t}$——混凝土表观密度实测值，kg/m^3；

　　　$\rho_{c,c}$——混凝土表观密度计算值，kg/m^3；

　　　　δ——校正系数。

例附 - 1　C20级混凝土配合比，经稠度及强度试验后，确定配合比（每立方米混凝土中各成分的用量）如下：$m_w = 170kg$、$m_c = 293kg$、$m_s = 678kg$、$m_g = 1259kg$，总用量为 2400kg。按照试件实测其表观密度为 $2460kg/m^3$。请计算其校正系数及确定其调整后的配合比。

解： $\delta = \dfrac{2460}{2400} = 1.025$

校正系数 > 2%，应再做调整。

调整后每立方米混凝土中各成分的用量：

$$m_w = 170 \times 1.025 = 174.3kg$$

$$m_c = 293 \times 1.025 = 300.3kg$$

$$m_s = 678 \times 1.025 = 695.0kg$$

$$m_g = 1259 \times 1.025 = 1290.4kg$$

其原来配合比为 $0.58:1:2.314:4.297$，不变。

例附 - 2　某混凝土配合比，其表观密度实测值 = $2360kg/m^3$，其表观密度计算值 = $2400kg/m^3$。请计算其校正系数，应否对原来配合比用料进行调整。

解： $\delta = \dfrac{2360}{2400} = 98.33\%$

其校正系数绝对值 < 2%，可不再做调整。

附录二 主要相关标准、规范、规程

序 号	标准号	名 称
1	GB 50010—2002	混凝土结构设计规范
2	GB 50204—2002	混凝土结构工程施工质量验收规范
3	JGJ 55—2000	普通混凝土配合比设计规程
4	JGJ/T 10—95	混凝土泵送施工技术规程
5	JGJ 51—90	轻集料混凝土技术规程
6	CECS：28—90	钢管混凝土结构设计与施工规程
7	JGJ 3—91	钢筋混凝土高层建筑结构设计与施工规程
8	JGJ 6—99	高层建筑箱形与筏形基础技术规范
9	JJ 83—91	混凝土输送管型式与尺寸
10	GB/T 13333—91	混凝土泵
11	GB 175—1999	硅酸盐水泥、普通硅酸盐水泥
12	GB 1344—1999	矿渣硅酸盐水泥、火山灰质硅酸盐水泥及粉煤灰硅酸盐水泥
13	GB/T 14685—2001	建筑用卵石、碎石
14	GB/T 14684—2001	建筑用砂
15	GB 8076—1997	混凝土外加剂
16	GBJ 1596—91	用于水泥和混凝土中的粉煤灰

主要参考文献

1　重庆建筑工程学院等. 混凝土学. 北京：中国建筑工业出版社，1981

2　黄士元等. 近代混凝土技术. 西安：陕西科学技术出版社，1998

3　迟培元. 现代混凝土技术. 上海：同济大学出版社，1999

4　侯君伟等. 建筑工程混凝土结构新技术应用手册. 北京：中国建筑工业出版社，2001

5　汪正荣. 大型设备基础施工. 北京：中国建筑工业出版社，1999

6　雍本. 特种混凝土设计与施工. 北京：中国建筑工业出版社，1993

7　冯浩等. 混凝土外加剂应用手册. 北京：中国建筑工业出版社，1999

8　徐家和. 建筑施工实例应用手册（2）. 北京：中国建筑工业出版社，1998

9　广东省建设委员会. 建筑施工实例应用手册（6）. 北京：中国建筑工业出版社，1999

10　李立权. 混凝土配合比设计手册. 华南理工大学出版社，2002

11　汤海波. 深圳市邮电局洪湖生活区高层住宅工程施工. 见：本参考文献9

12　沈文海. 松下空调机厂工程施工. 见：本参考文献9

13　陈超英等. 广州市新中国大厦结构施工. 见：本参考文献9

14　孙志强. 北京报觉寺小区25号商住楼清水混凝土施工. 施工技术，2000（2）

15　施锦飞. 大跨度箱形变截面钢筋混凝土拱综合施工技术. 施工技术，2002（4）

16　车凡殷等. 天宁酒店钢筋混凝土圆锥屋面施工. 施工技术，1999，(10)

17　吴广泽. 大面积混凝土地坪平整度的质量控制. 施工技术，2002，(5)

18　沈文凯. 松下万宝空调器厂工程施工. 见：本参考文献9

19　任乐民. 邯郸大世界商城基础底板大体积混凝土施工技术. 施工技术，

1999，（5）

20 邬建华等．南京国投大厦开洞预应力混凝土转换大梁施工．施工技术，1999，（12）

21 刘家斌等．冬夏季施工混凝土转换板温度裂缝的控制．施工技术，2001，（11）

22 钱兵等．梧州桂江三桥钢管拱混凝土压注法施工技术．混凝土，2000，（7）

23 张超英等．广州市新中国大厦结构施工．见：本参考文献9